狼が語る
ネバー・クライ・ウルフ

ファーリー・モウェット著
小林正佳訳

NEVER CRY WOLF
The Amazing True Story of Life Among Arctic Wolves
by Farley Mowat

築地書館

Japanese translation by Masayoshi Kobayashi
Published in Japan by
Tsukiji-Shokan Publishing Co., Ltd., Tokyo

目次

本文中の〔　〕は訳者による注記です。

1　オオカミ調査計画

オンタリオ州オークヴィルにある祖母の家の浴室と、カナダ北部、ハドソン湾西岸に位置するキーワティン地方奥地のバーレン・ランド〔北アメリカ大陸北部極地帯、特にハドソン湾西部に広がる植生に乏しいツンドラ・永久凍土地帯〕にあるオオカミの棲みかは、時間的にも、空間的にも遠く離れている。今ここで、その間に横たわる長い道のりをすっかりたどり直そうとは思わない。とはいえ、どんな話にも発端というものがあり、私がオオカミとともに暮らした物語は、確かに祖母の家の浴室から始まっていた。

五歳の頃の私は、自分の将来がどこに向かっているのか、何の片鱗《へんりん》も示していなかった。才能豊かな子なら、もっと早くからわかっていたのかもしれない。自分は一体何をしたいのか口にしたこともないことに、両親はがっかりしていたのだろう。私をオークヴィルに連れて行き、祖父母に世話をまかせて夏の休暇に出てしまった。

「緑の垣根の家」と呼ばれるオークヴィルの家はへんに上品ぶっていて、くつろいだ気持ちになれなかった。そこの住人で私より何歳か年上の従兄《いとこ》は、すでに戦場に自分の進むべき道を見つけていた。鉛の兵隊人形を山ほどためこみ、第二のウェリントン将軍〔ワーテルローでナポレオンを破ったイギリスの軍人〕たるべくひたすら準備を進めていたのだ。ナポレオン役をきちんと演じられないぶざまな私に腹を立て、よほどあらたまった席以外では、決して口をきこうとはしなかった。

祖母はウェールズの血をひく貴族然とした女性で、夫がただの金物商であることに我慢ならなかった。私にしたところで、大目に見てもらってはいても、いつだっておっかなびっくり。たいていの人が怖がっていた。祖父もその一人で、耳が聞こえないふりをしては、長いこと身をかわしていたものだ。革張りの大きな椅子《いす》に座り、「緑の垣根の家」の廊下を吹き抜ける嵐に気づかぬとでもいうふうに、何日もお釈迦《しゃか》様のように静かにのんびり過ごしている。そのくせ、はるか離れた三階の部屋でささやかれようと、「ウィスキー」という言葉だけはちゃんと聞こえることに、私は気づいていた。「緑の垣根の家」には気のおける友達がいなかったので、私は一人でぶらぶらし、ほんのわずかでも役に立ちそうなことには断固精力を注ごうとしなかった。ということは、もしも見る目さえあったら、私の将来の生き方のパターンはすでにはっきり表われていたというわけだ。

夏の暑いある日、私はあてもなく小川のほとりをぶらついていて、よどんだ池に出くわした。底を見ると、ほんのわずか緑色の水垢《みずあか》をかぶった三匹のナマズが息絶え絶えに横たわっている。興味をそそられた私は、棒切れでナマズを岸に引きあげ、死ぬのを見ようと待っていた。ところが、なかなか死なない。てっきり死んだものと思ったとたん、大きく醜い顎をあげ、また喘《あえ》いだりするではないか。かたくなに自分の運命を拒絶する姿にすっかり感動し、私はナマズを水垢と一緒に空き缶に入れ、家に持ち帰った。

はっきり理由を説明するのは難しいが、私はナマズに好意をもちはじめ、彼らのことをもっとよく知りたくなった。しかし、親しみが増せば増すほど、ナマズをどこで飼うかが問題だった。「緑の垣根の家」には洗濯桶がなかった。浴槽があるにはあったけれど、栓がゆるんでいてすぐに水がなくなってしまう。寝る段になっても解決策が見つからず、缶の中ではナマズは一晩ももたないだろうと気がかりだった。なんとかしなければ。絶望的なまでに追いつめられた私は、とうとう祖母の昔風のトイレの水の中に仮の棲みかを見つけることにした。

当時の私はまだ幼く、老化がもたらす特有の問題にまでは気がまわらなかった。その晩、祖母とナマズとの間に生じた、予期せぬ劇的な出会いに直接責任をもたなければならないのは、そんな老人問題のひとつだ。

その夜の出来事は、祖母の心に深い傷跡を残した。私にとっても、おそらくナマズにとっても。その後祖母は、死ぬまで、どんな種類であれ魚を食べようとしなかった。また、夜中に用便に起きたときには、常に大きな懐中電灯を手放さなかった。一方、ナマズへの影響については、確かなことはわからない。というのも、騒ぎが幾分収まるや、無情な従兄が冷酷にも水洗トイレの水を流してしまったからだ。私自身についていうと、その出来事は、動物界で最も下等に位置づけられたものたちへの変わらぬ親しみを私の中に生じさせた。一言でいってこのナマズ事件が、初めはナチュラリストとして、やがては生物学者としての私の経歴の始まりとなったのだ。私は、オオカミの巣穴へ通じる道を歩きはじめていた。

命あるものの世界を知ることへの私の思いは、急速に、つきることない熱愛へと成長した。じきに私は、研究を通して知り合った人間たちもまた同じように魅力的であることを発見した。最初の先生は氷の配達で生計を立てていた中年のスコットランド人で、しかし実際は、熱心なアマチュア哺乳《ほにゅう》動物学者だった。幼い頃彼は介癬《かいせん》だったか皮膚病だったか、あるいは何かそんなふうな子どもの病気にかかり、髪の毛が全部抜けて二度と生えてこなかった。この悲劇と関係があったのかもしれない。私が知り合ったときには、すでに十五年間も、ホリネズミの夏期の脱毛とナルシシズムの初期症状との関係の研究に人生を捧げてきていた。彼はホリネズミと大の仲良しで、彼の口笛に魅せられてホリネズミたちが地下の隠れ家から顔を出し、おとなしく背中の毛を調べさせるほどになっていた。

その後知り合った専門の生物学者たちも、それに劣らず興味深い人たちだった。十八歳のとき私は、七十歳になる哺乳動物学者と一緒に野外研究でひと夏を過ごした。博士号をもっていて、主としてトガリネズミの子宮痕跡器官についての徹底した研究により科学の世界で名声を博していた。アメリカの大きな大学の名誉教授で、トガリネズミの子宮について誰よりも詳しい。そのうえ、話題がトガリネズミのことに及ぶや、まさしく情熱的に話す。毛皮商人、クリー・インディアン〔主に、五大湖のひとつで北西端にあるスペリオル湖沿岸からカナダの中部平原にかけて居住する先住民〕の家政婦、英国国教会の牧師らを前に教授が熱弁をふるった夜のことを、私は飽かず死ぬまで思い出すことができるだろう。雌のコビトトガリネズミの性的異常について一時間、息もつかずに語りつづけた独演に、みんな引きこまれてしまった（商人ときたら、教授のうわずった声の調子をすっかり誤解してしまい、それでもすぐに、無粋な論議で長年鍛えられた牧師にその誤りを正されたものだ）。

ナチュラリストとして過ごした最初の数年は、自由で魅惑的だった。ところが、おとなになり、趣味が本職になりそうなことに気がついて壁につきあたった。自然史全般のあらゆる場面に旺盛な興味を寄せることができた何でも屋学者の楽しい日々は、終わろうとしていた。専門の生物学者として成功したかったら、いやでも何か専門をしぼる必要を認めざるをえない。とはいえ、大学で学問的な訓練を受けるにつれ、狭い道を選ぶことの難しさにも気づいていた。

しばらくの間私は、友人の一人について行こうか迷っていた。彼はスカトロジー、つまり動物が排《はい》泄《せつ》する糞《ふん》の研究を専攻していて、のちに米国生物学会で名をなす糞便学の権威になった。この領域にはなんとなく興味があったけれど、一生の仕事にしようと思うほどの情熱はかき立てられなかった。しかも、この分野は人が多すぎる。

私の個人的好みは、生きている動物を生息地の中で研究することに向かっていた。融通の利かない人間だったから、生命の研究を意味する「生物学」という言葉を額面通り受けとっていたのだ。同級生の多くができるだけ生き物から遠く離れ、死んだ動物、さらには、本当に命のない資料を用いる無菌状態の研究室に閉じこもる方を選ぼうとする逆説に、私ははなはだ当惑した。事実、私が大学にいた頃は、たとえ死んでいても、動物そのものを扱うことは流行遅れになっていた。新しい生物学者は、統計的、分析的な研究に専念し、生命の生の資料など計算機を養う飼料にすぎなかった。

私が新しい傾向に順応できなかったことは、専門家としての将来に好ましからぬ効果を及ぼした。級友たちはすでにさまざまな秘教的専門分野で足場を固めはじめていて、そうした分野の多くは、その道の専門家がほかに誰もいなければ競争の恐れもないという原則にもとづいて、彼ら自身が発明したものだった。にもかかわらず、私は、一般から特殊へ関心をふり向けることができなかった。卒業を間近に控え、同級生の多くは立派な研究職を保障されていた。一方自分には、生物学の市場に提供できそうな特別なものなど何もないようだ。となると、政府の仕事をすることになるのは避けられない。

冬のある日、カナダ野生生物保護局から月給百二十ドル〔当時の通貨を現在の通貨に換算するのは難しい。おおよそ、通常の初任給の半分といったところだろう〕という気まえのよい給料で雇用するので、即刻オタワに連絡すべしという通知を受けとったとき、賽《さい》は投げられた。

この強制的な命令に、私は胸の痛みをこらえ、反発心をおさえながら、といったこともなく素直に従った。というのも、私が大学の何年間かで学んだものがあったとすれば、それは、科学の世界の序列は新参者に対し、卑屈とまではいわなくとも強い服従を要求するということだったからだ。

二日後私は、風の吹きすさぶ灰色に沈んだカナダの首都に到着し、野生生物保護局がおかれた建物の薄暗い迷宮の中に足を踏み入れていた。主任の哺乳動物学者に面会してみると、彼は呑気《のんき》な学生の頃すでに出会ったことのある男だった。しかし悲しいかな、今や彼には、いっぱしの科学者に変身を遂げた専門家の威厳があふれている。おかげで私はといえば、深々とおじぎをする、ということをしないですませるだけで精いっぱいだった。

それから数日間、私は「オリエンテーション」なるものを受けさせられた。私の見るかぎり、それは、希望のない憂鬱《ゆううつ》な従属状態に人をおしこめるために設計された課程といってよい。いずれにせよ陰気でホルマリン臭い巣穴の中で出会ったダンテ的世界〔ダンテが『神曲』に描く世界は、天国、煉獄《れんごく》、地獄という三つの世界からなり、それぞれがさらに細かいいくつもの部分に分かれている〕の官僚という軍団は、日がな一日味気ない資料を整理したり意味のない書類を作ったりするだけで、新しい仕事に身を投じようとする献身の気持ちなど微塵《みじん》たりとも起こさせてくれなかった。この期間に私が実際に学んだ唯一のことといったら、オタワの官僚ヒエラルキーに比べたら、科学の世界のヒエラルキーなどちょっぴりアナーキーな弟分といった程度でしかない、ということだけだった。

忘れもしないある日、そのことを肝に銘じさせられた。その時私は、ついうっかり、その人を「さん」づけで呼んでしまったのだ。とたんに、私を連れて行った男は顔面蒼白になって震え出し、すぐさま私を御前から退出させるや、くねくねと廊下を連れまわしたあげくトイレに連れこんだ。床に膝をついて便所のドアの下を全部覗《のぞ》き、誰も盗み聞きする者がいないのを十分確かめてから、男はおし殺した声でこう説明した。処罰されたくなかったら、次官のことは「長官」か、さもなければ、せめてボーア戦争〔一八八〇～一八八一年、一八九九～一九〇二年の二度にわたり、現在の南アフリカを舞台に当地のオランダ系移民ボーア人の共和国と大英帝国の間で戦われた戦争〕時代の彼の肩書だった「大佐」で呼ばなければいけないというふうに。

軍隊式の肩書は、礼式上不可欠だった。書類はすべて、下級の者なら大尉某、中尉某、上級の者なら大佐某、准将某というサインつきでまわってくる。軍隊風の肩書をもらえなかった職員には、上級者は佐官、下級者は属官といった適当な階級がもうけられる。もちろん、野生生物保護局のすべての者が、この決まりを厳格に受けとっていたわけではない。漁業部の新入りで、長官宛ての書類に「臨時兵長J・スミス」と署名してささやかに自分を目立たせた男がいたのを私は知っている。この向こう見ずな若者は、一週間後、北の果てエルズミア島の最北端に赴任させられ、トゲウオの生活史を研究しながらイグルー〔イヌイットが四角く切り出した雪片を積んで作るドーム型の家〕で流刑生活を送ることになった。

こうした厳格な官庁では、軽卒な行為は決して大目に見てもらえない。そのことを私は、私の初仕事に関する会議で思い知らされた。

会議場のテーブルに仕事に必要な資材リストの草案がおかれ、大勢の生真面目な顔がそれを取り巻いていた。書類は官庁の規則に従い五倍にふくらんだ膨大なもので、立派な表題がついている。

「オオカミ調査計画必要資材」

会議の重苦しさにすでに朦朧《もうろう》となっていた私は、この恐るべき資材リストの十二番目に挙げられていた項目についての議論が始まったときには、頭が完全にいかれていた。

用紙、トイレ用、政府規格品。十二ロール

経済的な観点からいって、この項目の数量は減らされるべきである。同時にそのことは、調査隊（つまり、私のことだ）にしかるべき忍耐力を身につけさせることにもなる。そう述べる財務省代表の厳格な意見を聞いたとたん、私はヒステリックな笑いをどうにもこらえきれなくなった。すぐさまおさえはしたけれど、時すでに遅し。どちらも「少佐」であった最上級の役人二人が席を立ち、冷ややかに一礼すると、一言もいわずに部屋を出て行った。

オタワでの試練は終わりに近づいていた。しかし、クライマックスはそれからだった。早春のある朝、「調査地」に出発する前の最後の打ちあわせに、私は直属の上司である上級官の部屋に呼び出された。

上司は、上に黄ばんだモグラの頭蓋骨が散らかる、ほこりだらけのどっしりした机の向こう側に座っていた（一八九七年の入局以来、彼はずっと、モグラの歯の磨耗度の研究をしていた）。背後には、物故した哺乳動物学者の髭面《ひげづら》の肖像画がかかっていて、意地悪い目つきで私をにらんでいる。葬儀屋の裏部屋のような、ホルマリンの匂いがたちこめていた。

頭蓋骨をもてあそび、長い沈黙を保った後、おもむろに上司が口を切った。指示を出すその口調は、特務機関に対し州知事暗殺を指令するのに匹敵する重々しさだ。

「君も知っての通り、モウェット中尉、カニス・ルパス（オオカミの学名である）の問題は、国家的重要課題のひとつになっている。この一年間だけでも、下院議員諸氏から三十七通もの覚書が本省に送られてきた。すべて、オオカミをなんとかすべきだという、有権者の強い憂慮を表明したものだ。苦情の大部分は釣りや狩猟クラブといった市民団体から寄せられたものだが、実業界の面々、特にある有名弾薬メーカーが、わが国有権者の合法的な抗議を支持している。抗議とは、オオカミがカリブー〔北アメリカの、家畜化されていないトナカイ〕を全部殺してしまい、市民が狩猟に出かけてもどんどん獲物が少なくなっていて、ますます手ぶらで帰ってくることが多くなったという苦情なのだ」

「おそらく君も聞いていると思うが、私の前任者は、大臣にこの間の事情をこう説明した。つまり、ハンターの数がカリブーの五倍に達するほど増えてしまい、おかげでカリブーが少なくなったというふうにだ。大臣は、生真面目にもこのインチキ報告書を下院で読みあげたものだから、早速議員たちに『うそつき!』とか『オオカミ派!』とか怒鳴られてしまった」

「三日後、私の前任者は官を辞して野に下り、大臣は新聞に声明を発表した。『鉱山資源省は、オオカミの大群による大虐殺からカリブーを保護するため、全力をつくす意向である。当局は総力をあげて、この死活問題の全面的調査を即刻実施する。私自身その一員たる名誉に浴しているわが政府は、こうした堪え難い状況を終わらせるためあらゆる可能な手段をとるつもりであるからして、何とぞ国民諸氏にはご安心いただきたい』」

ここで上司は、とりわけ頑丈なモグラの頭蓋骨をつかむと、まるでこれから言うことを強調するかのようにその顎をリズミカルに打ち鳴らしはじめた。

「君は、モウェット中尉、この大任をまかされた！　君のすべきことは、ただちに現地に赴き、本省の偉大な伝統にふさわしいやり方でこの仕事に取り組むこと。今やオオカミは、モウェット中尉、君の問題だ」

私は何とかふらふら立ちあがると、部屋から逃げ出す前に無意識に右手を挙げ、挙手の礼をしていた。

そしてその夜、オタワから逃げ出した。カナダ空軍の輸送機に乗って。当面の目的地は、ハドソン湾西岸、チャーチルの町だ。しかし、そこから先、北極に近い荒涼たるバーレン・ランドにこそ、私の最終目的、オオカミたちは棲んでいる。

2 オオカミジュース

空軍輸送機は三十人乗り双発機〔両翼に一個ずつ、二個のエンジンとプロペラのついた飛行機〕だった。しかし、私の「調達物資」を積み終える頃には、乗員と私が乗りこむ場所などほとんど残されていなかった。パイロットは八の字髭を生やした人の良さそうな空軍中尉で、眉《まゆ》をひそめ、あからさまに当惑のようすを浮かべて荷物の積みこみを見守っている。私に関する情報といったら、特殊任務を帯びて北極へ向かう何やらよくわからない政府職員ということだけ。オオカミ用の罠の束が三つガチャガチャと機内に運びこまれると、彼はますます怪訝《けげん》そうだった。そのうえ、どうしたって両端のない風呂桶のようにしか見えない折りたたみ式カヌーの胴体部分がそれに続く。カヌーの舳先《へさき》と艫《とも》の部分は、省の指令に従って、なぜか、すでにサスカチュワン州の砂漠の南部でガラガラヘビの研究をしている別の生物学者のもとに送られてしまっていた。

次に、武器が積みこまれた。ライフル銃二丁、弾丸帯つきの革ケースに収められたピストル一丁、ショットガン二丁、鉄砲で撃ちやすいよう巣穴から出るのを嫌がるオオカミを引き出すための催涙弾一箱。そのほか、くっきり「危険」と記された大きな発煙筒が二本。これは、道に迷ったり、あるいはひょっとして、オオカミに取り囲まれたりした場合、飛行機に合図を送るためのものだ。武器庫のおしまいは、どんな動物でもそれを調べてみようと触れたとたん口の中に青酸カリ弾が撃ちこまれてしまう「オオカミ殺し」という残忍な道具が一箱。

続いて、研究備品が続く。二個の二十リットル缶を見たとたん、帽子の下でパイロットの眉毛がピクリと動いた。胃袋内標本保存用百パーセント・エチルアルコールと書かれていたからだ。

テント、キャンプ用携帯ストーブ、寝袋、七丁の斧の束（今もって私には、なぜ七丁だったのかわからない。その時は、斧一丁だって余計と思われる樹木のない土地へ行こうとしていたのだ）。スキー、雪靴、犬橇《いぬぞり》チーム用の引き具、無線電信機、それに、パイロットだけではなく私にも中身がわからない無数の箱や包みが滞りなく積みこまれた。

すべてを積みこみ、しっかり縄をかけ終えると、パイロット、副操縦士、それに私が荷物の山を這い登って操縦席に割りこんだ。パイロットは、軍事機密の扱いに十分慣れていた。したがって、風変わりな荷物が何であり、何に使われるものかに対する強い好奇心をおさえ、「こんなにたくさん積みこんで、オンボロ飛行機が飛びあがるかどうか……」と陰鬱そうに言うだけで我慢していた。本当に飛べるのか、私も秘かに疑っていた。しかし、飛行機は機体をふるわせ、つらそうなうめき声をあげただけでなんとか離陸した。

北への飛行は、長く退屈なものだった。ただし、ジェームズ湾上空で片方のエンジンが止まり、かなり濃い霧の中を高度百五十メートルのまま飛行しなければならなかったことを除けばの話である。この小事件が、こいつは一体どこの誰なのかという問題から、しばしパイロットの心をそらしてくれた。しかし、いったんチャーチルに着陸してしまうと、もはや好奇心をおさえることができなかった。

「俺の出る幕じゃないってことは、承知している。しかし……」。格納庫に向かって歩きながら、言い訳するように彼が切り出した。「一体全体、何をしようっていうんだ?」

「ぼくがかい?」。私は喜んで答えた。「一年か二年、オオカミの群れと一緒に暮らす、それだけさ」

パイロットは、まるで無作法をたしなめられたばかりの小さな子どものように、顔をゆがめた。

「悪かった。聞くんじゃなかった」。彼は、後悔するようにつぶやいた。


好奇心を駆り立てられたのは、パイロットだけではない。私はチャーチルの町で、奥地まで連れて行ってくれる民間の小型飛行機を調達しようとした。しかし、目的についてのいかにも無邪気な説明や、加えて、人跡未踏の原野のどこかに降ろしてもらえばいい、正直、自分自身それがどこなのか、ほとんど考えていない、などと聞いたとたん、敵意を含んだ疑いの目でにらまれるか、一緒にいたずらでもするかのようなウインクが返ってくるのが落ちだった。それでも私は、あえて言い逃れしなかった。ひたすら、オタワで下された作戦命令に従おうとしていたからだ。

指令3

項目（C）

段落（iii）

チャーチル到着後ただちに飛行機をチャーターし、適切なる方向へ必要距離前進し、適切な数のオオカミが生息し、今後の作戦遂行にふさわしい一般条件を満たしていることが確認できる地点に調査基地を設営すべし……

こうした命令は、調子こそ厳格だが、具体的指示内容を欠いている。したがって、チャーチルの住人の半分が、私のことを金塊強盗団の一味で共謀仲間と連絡をとろうとしているのだと判断し、あとの半分が、広大なバーレンの奥地に潜む秘密の金鉱を知っている採鉱者だと考えたのも無理はない。後になって、二つの説は両方とももっと複雑怪奇なものに変わっていく。チャーチルを離れて何か月ぶりかでたまたま戻ったとき、私は自分の「本当の」任務に関する情報が共有財産になっているのを発見した。聞けば、それまで何か月か、私は流氷に乗って北極周辺を漂いながら、これもまた流氷に乗って漂うロシア人たちの活動を見張っていたというのである。私が持っている二缶のエチルアルコールというのはじつはウォッカで、酒に飢えたロシア人の舌をほぐし、本当の秘密を聞き出すためのものだと信じられていた。

この物語が住民たちに受け入れられてからというもの、私は何やら英雄のようだった。しかし、初めてチャーチルに到着し、すぐに寒々と雪の積もった町を歩きながら見知らぬ目的地へ飛んでくれるブッシュ・パイロット〔飛行場もない辺境の地を専門に飛ぶパイロット〕を探していた時分は、未だ英雄の身分を勝ち得ていなかったし、私が話しかけた相手の多くは力になってくれなかった。

ようやく私は、バーレン・ランドの猟師を遠く離れた猟小屋まで運ぶことで何とか生計を立てている、旧式のフェアチャイルド社製雪上飛行機のパイロットを探しあてた。しかし、私が苦境を訴えると、突然彼は怒り出してしまった。

「よく聞け、どあほう」と、彼が叫ぶ。「どこに行くのか自分でもわからないのに飛行機を雇おうなんてえのは、大馬鹿野郎だけだ。それに、オオカミの群れと一緒に暮らしに出かけます、ってなホラ話を真にうけるやつがいるなんて思うのも、大馬鹿野郎だけだ。ほかの飛行機乗りを探しな。こちとら忙しくて、遊んでなんかいられない」

その当時、陰気でみすぼらしいチャーチルの町には、ほかに飛行機乗りなどいなかった。といっても、たまたまいなかっただけで、私が行くほんのしばらく前までは三人いたという。そのうちの一人は、ホッキョクグマを撃つためハドソン湾を埋めた流氷上に着陸しようとして、計算を間違えてしまった。生き残ったのは、クマだけだった。二人目は、離陸の時に飛行機の翼がもげ、新しい飛行機を買うための金策にウィニペグへ出かけて不在だった。そして三人目が、お察しの通り、忙しくて遊んでなんかいられない、彼だった。

最初の命令に厳密にこだわってもいられないので、次善の策を講じることにした。オタワに無線で連絡し、指示を仰いだのだ。返事はすぐ、六日後に届いた。

ナニガ　モンダイカ　リカイ　デキヌ　コンマ　メイレイハ　カンペキニ　アキラカデアル　コンマ　シンチヨウニ　シタガエバ　ムズカシイコトハ　ナイ　コンマ　ホンシヨウヘノ　デンポウニカンスル　キソクハ　シヨウチノハズ　コンマ　キンキユウノ　バアイニ　カギル　コンマ　イカナル　バアイモ　クリカエス　イカナル　バアイモ　デンブンハ　ジユウワードヲ　コエテハ　ナラナイ　コンマ　ニシユウカン　イナイニ　チユウカン　ホウコクシヨヲ　ソウフセヨ　コンマ　ソレマデニハ　カニス　ルパスヘノ　セツシヨクヲ　ハタシテイルモノト　キタイスル　コンマ　ホンシヨウガ　シハラウ　デンポウノ　ヒヨウハ　ジユウワード　イナイ　カツ　サイシヨウゲンノ　ジユウヨウジコウニ　カギラレル　コンマ　カヌーガ　ハンブンダケトハ　ナンノコトカ　コンマ　コンカイノ　デンポウダイハ　キユウリヨウカラ　サシヒカレル

こうなったら、ウィニペグに出かけているというパイロットの、あてにならない帰りを待つしかない。宿にしているホテルは、納屋のような作りのひどくきしむ建物で、風の日にはすき間から細かい雪が舞いこんでは床に積もる。しかも、チャーチルでは、風のない日などなかった。

それにもかかわらず、私は怠けていなかった。当時チャーチルには、宣教師、売春婦、騎馬警官、酒密輸業者、罠猟師、毛皮密輸業者、通常の毛皮商人、そのほか興味ある人物があふれていて、誰もがみなオオカミの権威であることがわかった。私は一人ずつ訪ねては、彼らから話を聞き、熱心に書きとめた。これらの情報源から私は興味をそそられる情報を手に入れたし、その大部分は、それまでの文献に記録されていないものだった。

オオカミは毎年北極圏で数百人の人間を食い殺すといわれるが、妊娠中のイヌイットは絶対襲わないという（この注目すべき情報を提供してくれた宣教師は、妊娠中の人間の肉をオオカミが嫌うという事実がイヌイットの出生率を高め、その結果、精神的な問題より生殖に関わる事柄に対する嘆かわしい関心を助長していると信じていた）。オオカミは四年ごとに皮膚全体の毛が抜け落ちてしまう奇病にかかり、裸で駆けまわっている期間はごくごくおとなしく、近づいてもボールのように丸くなってしまうという話も聞いた。罠猟師たちはオオカミが急速にカリブーの群れを滅ぼしていると訴え、単に血に飢えているというだけの理由で、一頭のオオカミが一年に何千頭ものカリブーを殺すと教えてくれた。一方、自分たちの方からは、よほど気に障ることでもないかぎりカリブーを撃つことなど考えもしないと話していた。新開地で働く一人の女性が聞かせてくれた情報は、いささか奇妙だった。というのは、アメリカの空軍基地ができて以来オオカミの数が異常に増え、オオカミに噛まれたらすぐに噛み返してやる以外に助かる手はないというのだ。

聞きとり調査の最初の頃、一人の年とった罠猟師に、お前さん、もしもオオカミに熱中しているというなら、きっとオオカミジュースが好きなんだろうなと尋ねられた。好きだとは思わなかったけれど、これでも科学者だし、オオカミに関することなら何でも役に立つだろうから喜んで飲みに行こうと、私は返事をした。というわけで、老人は私をチャーチル唯一のビアホール（いつもなら避けていた場所だ）に連れて行き、オオカミジュースに対面させてくれた。それは、ムース〔ヘラジカ〕印のビールという代物を、空軍基地の兵隊から手に入れたアルコール性の不凍液で割ったものだった。

オオカミジュースの洗礼を受けたすぐ後、私は最初の経過報告書を書き送った。手書きの文章で、まったく判読不能だった（おそらく、そのおかげで、幸い首を切られることもなかったのだろう）。オタワの人間は、誰一人、一語も読むことができなかったのだ。読めないがゆえに、その報告はきわめて蘊蓄《うんちく》深いものに相違ないと見なされたらしい。報告書は今でも省のファイルの中にあると思う。そして、オオカミに関する達人の資料を必要とする政府の専門家によって、いまだに参照されていることだろう。先月も私はその報告書を見たことがあるという一人の生物学者に遭遇した。彼もまた、それは今なお多くの権威によって、カニス・ルパスに関する究極の言説として認められていると保証してくれた。

やむなくチャーチルに滞在している間、オオカミにまつわる多くの魅力的な事実を掘り出しただけでなく、私はもっと重要といってもよい独自の発見もしていた。発見とは、私に支給されていた標本保存用アルコールをわずかだけムース印のビールに割り入れると、その結果できる各種のオオカミジュースはじつにおいしくなるということだ。熟慮の末、私は「必要資材」の中にムース印を十五箱つけ加えた。さらに、ホルマリンを何リットルか購入した。葬儀屋さんなら誰でも承知のように、それは、死んだ動物の組織保存用として、エチルアルコールに少しも劣らない代用品になる。

3 着陸、おめでとう

しかたなく過ごしたチャーチル滞在も、五月の最後の週にやっと終わった。三日間吹雪が吹き荒れた、その三日目、猛吹雪で視界ゼロの中を小型飛行機がホテルの屋根すれすれを飛び越し、息も絶え絶えに近くの湖の氷の上にドサリと落ちた。風にあおられ、私たち何人かがビアホールから飛び出し翼をおさえていなかったら、実際吹き飛ばされていただろう。

飛行機は一九三八年製双発空軍練習機で、恐ろしいほど老朽化している。長年の勤めのあと廃棄処分にされたのを、やせて背の高い、落ちくぼんだ目をした元イギリス空軍パイロットがどうにか生き返らせたものだ。彼は、カナダ北部に独自の航空路線を開くという夢を抱いていた。みんなで地面におさえつけていると、きしる機体から男が降りてきて、一メートルもある淡紅色の絹のスカーフを顔のまわりからほどいて挨拶した。聞けば、北西一千キロ以上離れたイエローナイフからやって来て、ザ・パースに向かっているという。「ここは、ザ・パースか？」と、彼。ザ・パースは六百キロほど南西だと、私たちは教えてやった。それを聞いても、慌てるようすはない。「ああ、そう。嵐の中なら、どこに着陸したっていい」。陽気にそう言うと、飛行機の中から姿を現わした無精そうな機関士をともない、私たちと一緒にビアホールに向かった。

そのビアホールで、気がつくと私は、自分の抱える困難を彼に向かって打ち明けていた。「問題ない」。じっと私の話に耳を傾けていた彼が言う。「明日、おいぼれ凧にガソリンを入れたら、どこへでも連れて行ってやる。北西に向かうとしよう。それが一番いい。ほかのコースだと、コンパスがあてにならない。安全に、低く飛ぶ。たくさんオオカミを見つけたら、そこで降ろしてやろう。着陸、おめでとう！というわけだ」

彼は、おおむね言葉通りの男だった。ただし、それに続く三日間は飛行に向かなかった。第一に、雲が地上までたれこめている。第二に、着陸装置の水圧シリンダーのひとつが壊れていて、スキーを装備した機体がひどくいびつになっている。天候に関しては、いかんともしがたい。しかし、飛行機の機関士は、アザラシの脂をすき間に塗りこんで、何とか水圧シリンダーをもとに戻せることを発見した。相変わらず水漏れはあったけれど、死にかけのアヒルみたいに横倒しになることなく、飛行機は少なくとも二十分間はまっすぐ姿勢を正していられるだろう。

四日目の朝、出発の準備に取りかかった。飛行機には荷物を少ししか積みこめなかったので、役に立ちそうもない湯舟のようなカヌーを含む「必要資材」のいくつかを放棄しなければならなかった。しかし、四・五リットルのアルコールと交換に、私は、かなり状態のいい五メートルほどのキャンバス製カヌーを手に入れることができた。パイロットが請けあうというので、それは飛行機の胴体の下にしばって運ぶことにした。

この時点で私は、この親切な仲間に対して幾分狡《ずる》い手を使ってしまった。私のムース印は必需品ではないと見なされ、ほかのものと一緒に除外されていた。夜になって、懐中電灯の灯りの中で調べてみたところ、十五箱すべてがすっぽりカヌーの中に収まるし、そのまま飛行機の胴体にしっかり縛りつけておけば、ほかの必需品を削らなくてもいいことに気づいたというわけだ。

出発はすばらしい日だった。風は収まって時速六十数キロ、毎秒十八メートルほどの東風に変わっている。海から湧きあがる黒い霧の中を離陸すると、チャーチルの町が視界からどんどん消えていく。北西に旋回する頃には、雪も降りやんでいた。

といっても、じつは、それほど簡単だったわけではない。前日わずかに雪が溶け、飛行機のスキーがぬかるみに四、五センチ潜りこみ、そのまま凍りついてしまったからだ。最初の離陸の試みは、まったく尻すぼみだった。両方のエンジンがあがくようになりたてたのに、機体は微動だにしようとしない。その反抗的な態度に、パイロットも機関士も怪訝そうにしていた。数人の紳士がビアホールから駆け出し、爆音にかき消されながら大声を張りあげ、スキーを指さしてくれるまで窮地のわけがわからなかった。こうした好意的な人たちに助けられ、機体をゆすって何とか飛行機を氷から引きはがした。しかし、その時すでに弱っていたシリンダーがまたも壊れていて、アザラシの脂でもう一度すき間を埋めるため、またまた出発が遅れた。

とうとう滑走を始めてからも、飛行機は断固離陸を拒んでパイロットを困惑させた。スロットルを全開にしたまま小さな湖を滑って行き、それでも氷にへばりついたままだ。最後の瞬間パイロットが操縦桿《かん》を思いきり引きあげ、おかげで飛行機は雪をはでに巻きあげてぐるりと横すべりし、すんでのところでひっくり返りそうになった。私たちは、何やらきまり悪そうに出発地点に引き返した。

「まったく、わけがわからん」と、パイロット。「飛ぶはずさ、そうだろう。問題なく飛ぶはずだ。じゃあ、いい。予備の燃料缶を下ろして、少しばかりあがりやすくしてやろう」

「予備」のドラム缶はチャーチルに戻るために積みこまれていたもので、それを放り出すのは無茶だと思ったが、指揮をとるのは彼だったし、そのままにさせておいた。

余分なガソリンを捨てると、何とか二度目の試みで（その前に、例のシリンダーにもう一度脂を塗り）、飛行機はようやく自分の領分に到達した。しかしそこでも、ことさら幸せそうには見えなかった。飛行機は断固九百メートル以上にはあがろうとせず、両方のエンジンの回転計はともに、正常値の四分の三あたりで止まったままだった。

「いずれにせよ、高くあがる必要はない」。パイロットが、私の耳もとで陽気に怒鳴った。「オオカミが見えなくなる。さあ、目を皿にしててくれよ……」

ひびが入って霞んだ風よけガラス越しに外を見ようと首を伸ばし、必死に目をこらしていたけれど、収穫はなかった。不透明な灰色の雲のまっただなかを飛んでいたので、時には翼の先端さえ見えない。オオカミどころか、オオカミの気配さえわからない。

三時間近く飛びつづけ、その間、時々下界を見ることができただけで、おおむね糖蜜の中に浸けられているようなものだった。その時、パイロットが飛行機を急降下させると同時に私に向かって叫んだ。

「ここで降りる！　戻るのに、ガソリンがぎりぎりだ。心配ない、この辺りはオオカミの天国だ。最高のオオカミがいる！」

十メートルほど高度を下げ雲の下に出たとたん、両側を高い岩山に挟まれた幅一・五キロほどの谷間の、凍った湖の上を飛んでいるのがわかった。少しもためらわず、パイロットはそのまま着陸した。それまでの彼の操縦能力をどう評価するにせよ、具合がいい片方のスキーだけで着陸したのだから、その特殊な操作には恐れ入ってしまう。飛行機のスピードがほとんどなくなって、ようやく弱い右側の脚をそっと氷上に降ろした。

着陸した後も、パイロットはエンジンを止めなかった。

「さあ、着いた」。陽気に言う。「出ていいぞ。早くしてくれ。チャーチルに着かないうちに暗くなってしまう」

今度は眠っていた機関士が目をさまし、あっという間に氷の上に物資の山ができあがり、カヌーが切り離され、着陸装置のシリンダーにもう一度機体が垂直になるまで脂が塗りこまれた。

カヌーの中身にちらりと目をやると、パイロットは哀れむように私を見た。

「きれいなやり方、ってわけじゃない。そうだろう」と彼。「まあ、いい、そのうち必要になるんだろう。それじゃ、あばよ。老いぼれ爪が壊れてなかったら、秋頃に来てやる。だが、心配ご無用。近くにはエスキモーもたくさんいる。いつでも、チャーチルに連れて行ってくれるさ」

「ありがとう」。私はおとなしく答えた。「ところで、記録のためもあるし、ここがどこか教えてくれないか」

「そりゃ、だめだ。こっちにだってわからない。まあ、チャーチル北西五百キロ、ってとこかな。その辺りだ。とにかく地図なんてない、この辺りのは……。じゃあな」

操縦席のドアがバタンとしまる。エンジンがいつものように精いっぱいのうなりをあげ、スキーの跡を横切って機体をゆすりながら、しぶしぶ上昇し、雲の中に消えて行った。

私は、無事基地に到着した、というわけだ。

4　オオカミはどこ？

　頂を雲に覆われた、荒涼たる丘の連なりを眺め渡してみる。氷と氷の圧力で波打つ吹きさらしの氷原。谷間の向こう側の荒れはてた、木のないツンドラのうねり。すばらしいオオカミの王国であることは疑いない。実際、たくさんのオオカミが、疑わしそうな興味をたたえた目で私をうかがっているような気がする。資材の山に潜りこみ、拳銃を見つけ、それから、自分がおかれた状況を観察した。
　非常にいい感じ、だとは思われない。キーワティン地方奥地のバーレン・ランドのまっただなかに入りこんだことは確かだ。基地らしきものは設営した。といっても、自分がいるのは凍った湖の上で、岸から遠く離れていて、理想にはほど遠い。ともかく、そこまでは、指令書に厳密に従った。しかし、作戦命令の次のくだりは難問だった。

指令3

項目（C）
段落（iv）

常設基地設営後、ただちに奥地に向かってカヌーで水路をたどり、カニス・ルパスの生息密度を決定するに足る統計資料を得、調査対象生物種との接触をはかるべく、周辺地域の集中的かつ広汎な調査を行なうべし……

喜んで指令に従う、つもりはある。しかし、足下の氷はカチカチで、カヌーで行くとなると、永久ではないにせよ、数週間は待たなければならない。となると、カヌーに代わる輸送手段なしに山積みの資材をどうやって乾いた陸上の常設基地に移すのか、仕事のとっかかりさえつかめなかった。調査対象生物種との接触をはかること。それに関しては、オオカミの方から主導権をとろうと決心でもしてくれないかぎり、問題外に思われる。

進退きわまる事態だった。私への命令は気象庁との綿密な協議にもとづいて下されたもので、気象庁は私の所属する省に対し、「通常」、バーレン・ランド中部の湖や河の氷は私の到着予定日までにはすっかり溶けていることを保証していた。

オタワで受けたオリエンテーションのなかで私は、他省からの情報は決して誰も疑わないということとを学んでいた。そうした情報にもとづく野外作戦が失敗したとしたら、それは、常に現場にいる者の失敗と見なされる。

その状況下で私にできることは、ひとつしかなかった。オタワへの最初の無線通信に対するたいそうがっかりさせられた応答にもめげず、もう一度新たな命令を仰ぐ以外にない。

私は勇んで荷をほどくと、携帯無線機を山積みの箱の上にすえつけた。それまで、この道具を調べてみる機会はなかった。私は取り扱い説明書を広げ、支給されたモデルは森林警備員用のもので、通常三十キロ以上離れては使用できないことを知って唖然《あぜん》としてしまった。それでも、説明書通りにバッテリーを入れ、アンテナを張り、ツマミをまわし、ボタンを押した。信号を送ってみる。

私が持っているような移動用通信機器を認可する運輸省にしかあずかり知らない理由で、「デイジー・メイ」というのが私のコールサインだった。それから一時間、デイジー・メイは北極に近い薄暗がりの空に切々と呼びかけた。しかし、かすかなつぶやきさえ返ってこない。説明書の悲観的な文句を受け入れ、希望を失ってほとんどあきらめようとしかけたとき、イヤホンの中のヒューヒュー、ガサガサいう音に混じって人間の声のかすかな響きが聞こえてきた。大急ぎで私は受信機を調整し、ガーガーわけのわからない言葉をとらえ、しばらくしてそれがスペイン語であることに気がついた。

これからお話ししなければならないことが、読者の方々の信頼につけこみ、勝手なことを言っているように聞こえるかもしれないことは承知している。といって、私自身無線通信について何の技術的な知識ももちあわせていないことだし、一介の生物学者に次に述べるような一連の出来事を捏造《ねつぞう》したりする能力などないのも確かだろうと思う。私としては、のちに専門家から受けた説明をそのままここに書くしかない。技術的な説明によると、それは「電波の跳躍」として知られる不思議な現象に関わっていて、大気の状態のさまざまな条件が重なると、時として（特に、北極では）非常に弱い通信機の信号が相当な距離まで届くことがあるらしい。私の機械に起きたのは、まさしくそれだった。私の呼び出した局は、なんと、ペルーのアマチュア無線家のものだったのだ。

彼の英語はこちらのスペイン語同様たどたどしく、互いに通じあうまで手間がかかった。その後も彼は、私がフエゴ島〔南アメリカ南端に位置する島〕辺りから送信していると思いこんでいたらしい。私は極度にイライラしたあげく、やっとペルー人に私の上司宛ての通信内容を書きとらせ、通信会社を通じてオタワへ送るよう依頼した。先般の訓戒を思い出し、私はこの通信文を十ワード以内にとどめたが、どうやらそのせいでペルーでは正しく理解されなかったらしい。そのうえ英語からスペイン語、スペイン語から再び英語への翻訳で間違いなく混乱し、とんでもない結果になったのも故なしとしない。といっても、それがわかったのは、何か月もたってからのことだ。

おそらく南米の通信局からの電信だったからだろう、通信は私の所属省ではなく外務省に送られた。それがフエゴ島からのものらしいことと、暗号らしいこと以外、外務省にはさっぱり見当がつかなかった。大至急国防長官を含め各方面に照会してみたが、暗号を解くことも、ホーン岬地域にカナダの諜報員がいるかどうか確かめることもできなかった。

謎が完全に解けたのは、ふとしたきっかけからだった。数週間後のこと、外務省の書記官の一人がいつものように私の省の上級官と昼食をともにして、この話をした。そのなかで、たまたま、謎の通信にヴァーレイ・モンファットとか何とかいう名前があることを話したのだ。

賞賛に値する驚くべき洞察力で、この上級官は通信の発信人を私だと断定した。ところがこれは、ますますわけのわからない新たなミステリーを生み出したにすぎなかった。というのも、そもそも誰が私のフエゴ島行きを認めたのか、誰にもわからなかったからだ。とどのつまり、チリのカナダ領事を通じて一連の至急連絡が私宛てに発信され、ただちにオタワへ報告せよとの指令が飛んだ。

しかし、通信は、ひとつとして私のところへ届かなかった。たとえもっとまっすぐなルートで送られていたとしても、同じだった。なぜなら、私の通信機のバッテリーは六時間しかもたず、バッテリーがなくなる前にまたやっと呼び出せた局といったら、モスクワからの、軽音楽番組を流している局だけだったからだ。

とにかく、話をもとに戻すことにしよう。

ペルーとの一件を片づけた頃にはすっかり暗くなりかけ、辺りの丘陵が私の方へ迫ってくるように見えた。依然、オオカミの気配はない。しかし、オオカミのことがすっかり私の心にしみこんでいて、谷の入り口近くで何かがチラリと動くたび、気になってしかたがなかった。

その時、耳をすますと、かすかではあるけれど、ドキッとさせられる声が聞こえてきた。私は、それまで一度もオオカミの声を荒野で聞いたことはなかった。しかし、西部劇映画でなら何度か聞いたことがある。まぎれもなくオオカミの群れの遠吠《とおぼ》えで、さらに間違いなく、こちらに向かっている。少なくとも、問題のひとつは片づいたみたいだ。もうすぐ、調査対象生物との接触は果たされそうだ。だが、この問題の解決は、そのまま新しい問題につながった。なかでも難問は、私の拳銃は六連発にすぎず、命がかかっているというのに、予備の弾薬をどこにしまったかどうしても思い出せなかったことだ。事態は差し迫っている。このテーマに関して読んださまざまな文献では、オオカミの群れの個体数は四から四十。そのうえ、しだいに近づいてくる動物たちの声の大きさから判断して、この群れには四百頭もの個体がいそうだ。

今や極北の夜がすっかり辺りを覆い、間もなくオオカミがやって来ようとしている。もはや暗すぎて、実際のオオカミの数を数えたり、そこでの行動パターンを観察できるほどはっきりと見ることができない。それで私は、裏返しのカヌーの下に退却すべきだと判断した。そうすれば人間の存在もすぐにはわからないだろうし、その結果、野獣が示す典型的な行動の可能性も減るだろうと思われたからだ。

ところで、生物学の基本的な原則のひとつは、観察者は決して対象物から注意をそらしてはならないというものだ。しかし、正直なところ私は、この状況下で、自分が科学的研究の正しい姿勢を維持することなどできなかった点を認めざるをえない。なかでも私は、カヌーのことが気がかりだった。細い杉材の骨組みに帆布を張っただけで軽快に作られていたから、手荒に扱われるとすぐ壊れてしまう。そうなったら、これから先まったく動きがとれなくなってしまいかねない。次に私の心を占領していたことに関しては、あまりに常軌を逸していて、ただそれが、それまでの訓練で対処できる正常な統制下を離れた人間精神の非論理性を示すものにすぎないことを特に強調しておかなければならない。私は、熱烈に、妊娠したイヌイット女性になりたいと願っていたのである。

今や何がどうなっているのかさっぱりわからぬまま、私は頭以外の感覚に頼らなければならなかった。私の耳は、群れが全速力で迫ってきて、ひとまず山積みの資材を取り囲み、次いでカヌーめがけて突進してきたという情報を受信しつづけていた。

恐ろしげな遠吠えと、吠え声と、キャンキャンいう声のコーラスが間近で耳を聾《ろう》し、そのあまりに混乱した音に、私は幻覚を覚えはじめていた。全体の騒音の中に、低く響く、まるで人間の声のような叫びが聞きとれるような気がしたのだ。その喚《わめ》きは、こんなふうに聞こえた。

ナンダッテンコノバカヤメロチクショメ！

この時点で、しばしの乱闘と苦しげなキャンキャン声が起こり、それに次いでなんという不思議か、まったくの静寂が訪れた。

私は何年にもわたり、自然現象から正確な推論を導き出す訓練を受けてきた。しかし、この事態は、私の能力を超えていた。もっとデータがいる。十分気をつけながら、私はカヌーの端と氷の間の細いすき間に片目を近づけた。最初は、オオカミの足しか見えない。しかも、たくさんの足。が、続いて私の目をとらえたのは、別の二本の足、すなわち一組の足で、オオカミのものではない。私の推論能力が一気によみがえった。私はカヌーの縁を持ちあげ、頭をつき出した。下から見あげると、すっぽりカリブーの毛皮にくるまった若者の、当惑したような、むしろ心配そうな顔にぶつかった。

そのまわりで、十四頭の大きくて強そうなハスキー犬〔エスキモー犬〕の一団が、疑い深そうに私をにらんでいる。彼の犬橇チームだ。だが、正真正銘のオオカミはどこだ……。一頭も見あたらなかった。

5 接触

オオカミとの最初の出会いとなるはずがオオカミならざるものとの出会いに終わり、当然私はがっかりした。その代わり、埋めあわせもあった。

しだいに明らかになったのだが、犬を連れた若者はイヌイットと白人との間に生まれた罠猟師で、数キロ先に小屋をもっているらしい。それは、私の常設基地にぴったりだ。若者は名前をマイクといい、北方百二十〜百三十キロほどのところに住んでいる母親の家族が属するイヌイットの小さな集団を離れ、一人で暮らしている。周囲二万五千平方キロにもわたる地域に住んでいる、ただ一人の人間だという。これもすばらしいニュースだ。というのは、私のオオカミ調査が人間の侵入で悪影響をこうむらないことがはっきりしたからだ。

マイクは最初、どちらかというと疑わしそうに、というのでなければいくらか遠慮がちに、私に接していた。十八年間の人生で、バーレン・ランドの自分が住む辺りに飛行機が降りたことなどなかったし、飛行機そのものさえ二、三回、はるか頭上を飛んでいくのを見たことがあるだけだ。だから、飛行機が彼の湖の真ん中に私と巨大な資材の山を降ろしたなどという見たことも聞いたこともない事実が、なかなかのみこめなかった。二人のつきあいが始まったはじめの頃は、彼はとかく私の存在を超自然的に解釈しようとしがちだった。というのも、彼は交易商人だった白人の父親から、悪魔から身を守ってくれるキリスト教について十分学んでいた。おかげで彼は、これまで一度も悪魔に出会ったことがなかった。初めの何日か、自分の30×30型ライフルを手離さず、私とは距離をおいていた。しかし、オオカミジュースを飲ませてやったとたん、彼はライフルを下においた。たとえ私が悪魔であるとしても、私の手管はあまりに強烈で逆らうことなどできないと、はっきり心を決めたらしい。

おそらく、ほかにどうしていいかわからなかったからだろう、マイクは初めて会った日の夜、私を自分の小屋に連れて行ってくれた。小屋はとても宮殿といえるような代物ではなかったが、柱が立てられ、屋根に古びたカリブーの毛皮が張られていて、すぐに私の目的に合うことは見てとれた。

現地で助手を雇うことは省から認められている。しかし、そのための費用は、月三ドルを超えてはならない。私はすぐさまマイクと交渉し、三か月間彼の小屋に住まうこと、ガイドと全般的な雑用係を務めてもらうことを取り決め、十ドル分の公式の借用書を手渡した。政府機関、宣教師、交易会社が北極圏の現地の人に支払う通り相場に照らしたら、随分気前がいいことはわかっている。しかし、マイクの助けがなければ湖の氷が溶けたとたん四千ドル相当の資材を失ってしまうのは確実だし、本省も私の大盤振る舞いを許してくれるだろう。

その後の成り行きを考えると、交渉によってマイクと契約を結んだ、というのはかなり一方的な私の了解で、彼はその意味を十分に理解していなかったかもしれないという気がする。しかし、いずれにしろ彼は、犬橇チームを提供し、資材や道具を小屋まで運んでくれた。

それに続く数日間、私は忙しく立ち働き、資材の荷をほどいて野外実験室を設営した。仕事が進むにつれ、小さな小屋の限られたスペースはほとんど埋めつくされてしまった。彼の相手をしている時間はほとんどないけれど、呆然《ぼうぜん》としているようすは見てとれた。といっても、生来無口であるように見えたし（ただし、犬に対しては例外だった）、知り合って間もない人間の個人的な問題に口を出すのはさしでがましく感じたから、彼の苦痛が何によるのかこちらから探り出そうとはしなかった。それでも私は、時々科学実験の器具を使ってみせたりして、彼の気を紛らわせようと試みた。

器具の実演は彼の気を引いたようだ。しかし、ますます悪化していくように見える茫然自失の態度をやわらげるような、私が期待した効果は発揮しなかった。青酸カリの「オオカミ殺し」を見せ、それはたちまち致命的な効果を発揮するし、ほとんどオオカミに感づかれることもないと説明すると、たちまち彼は明らかに非合理的な挙動をとりはじめた。長い棒を持って歩くようになり、食事のために粗末な食卓に向かうときさえ、まったく奇妙なやり方で椅子《いす》をついたり、時には食べ物のお皿をついたりするようになったのだ。朝起きて身支度を調えるときには、長靴や衣服の中さえつついた。また別のときに、私がオオカミの胃袋の中に残っているものが何かを調べるために必要な小動物を集める目的で用意していた四つの粗末なネズミ取りを見せ、博物館に送る標本を作るのにネズミの頭を煮沸する方法を説明してやると、彼は無言で小屋を出て行き、それ以降私と一緒に食事をしなくなった。

私は、過度に彼の行動を警戒しようとは思わなかった。というのは、いささかながら心理学の知識をもちあわせていたし、彼には内向的な性格の徴候が認められたからだ。それでも、私はなお、ぼんやり虚《うつ》ろげな世界から彼を引き出してやろうと決心した。ある夕方、移動用実験室を設営した一角に彼を誘い、オオカミやカリブーやほかの獣の検体解剖に使う予定のピカピカのメスや骨切り鋏《ばさみ》や脳ベラ〔脳の手術に使う細いヘラ状の道具〕やほかの細々した道具のコレクションを誇らしげに見せてやった。すでに何のために検体解剖を行なうのかをマイクに口で説明するのは難しいことはわかっていたから、私は病理学の教科書を開き、二ページ続きの人体腹部の色つき解剖図を指し示し、視覚教材の助けを借りて説明してやろうとした。とたんに私は、聴き手が消えていることに気がついた。ゆっくり戸口の方に後ずさり、しだいにつのる恐怖を黒い瞳にみなぎらせて私を見すえている。私の言葉を間違って受けとったことは、すぐにわかった。彼を安心させようと立ちあがると、私の動きにすばやく反応し、身を翻すや死にもの狂いで戸口から駆け出して行ってしまった。

翌日の午後まで、彼は姿を見せなかった。私がネズミ取りの罠を仕掛けて戻ってくると、長旅に出かけでもするかのように小屋の中で荷造りをしている。あまりに小声だったし早口でわかりにくかったけれど、至急の連絡を受けとり、イヌイット・キャンプにいる病気の母親を見舞いに出かけるのでしばらく戻ってこないという。それだけ言うと、すでに引き具をつけられ待機していた犬橇チームのところに飛んで行き、それ以上言葉もなく、猛烈な早さで北へ向かって立ち去った。

彼が行ってしまうのを見るのは残念だった。この地にいるのは完全にオオカミたちと私だけになってしまったという思いが浮かんできて、科学的な観点からすれば満足すべきでも、荒涼と周囲に広がる、嵐吹き荒れる『バスカーヴィル家の犬』〔コナン・ドイル作の推理小説〕的な雰囲気がいっそう強まるような感じがした。そのうえ、オオカミに接触する方法をしっかり決めていたわけではなく、マイクに最初の手引きの労をとってもらえたらありがたいとも思っていた。とはいえ、病気の母親は、私の研究上の必要性を上まわる。それにしても、どうして彼が母親の病気のことを知ったのか、依然その点は解せなかったのだが。

研究のスケジュールを決める段になって、オオカミとの接触を果たす最善の方法は何なのかが火急の問題だった。計画はごくごく詳細をきわめている。「性行動」の項目だけでも五十一の小項目に分けられ、すべてに調査が必要だ。一週目の終わりには、書き記す紙さえ足りなくなってきた。外に出て、仕事に取りかかる潮時だ。

私はバーレンでは新参者だったから、新参者らしく注意深いやり方で土地になじまなければならない。そこで、最初のフィールド調査は、小屋から半径三百メートル内にとどめることにした。

この探索では、四、五百個のカリブーの頭の骨以外、たいした発見はなかった。それにしても、小屋の周辺一面、まるで敷きつめたようにカリブーの骨が散らばっているとは。チャーチルでの聞きとり調査から、罠猟師は決してカリブーを撃たないことはわかっている。とすれば、オオカミによって殺されたとしか考えられない。これはゾッとするような結論だ。カリブーの残骸が辺り一帯同じようにころがっていると仮定すると、私が目にしたサンプル数から想定して、キーワティン地方だけでも平均、年間二千万頭のカリブーがオオカミによって殺されていることになってしまう。

骨だらけの原をめぐってうろたえてしまった三日後、私は再びフィールド調査に出た。ライフルを携え、拳銃を身につけ、二度目の探検では四、五百メートルほど先まで行ってみた。しかし、オオカミは見かけなかった。しかし、驚いたことに、カリブーの残骸の密度は小屋からの距離とは幾何級数的に反比例する形で減っていることがわかった。オオカミがかくもおぞましい虐殺地点としてわざわざ人間の居住地のこんな近くを選んだという事実は大いに不可解で、もしもマイクが戻ってきたら彼に尋ねてみることにした。

そうこうするうちに、火山が爆発するような勢いで春が到来した。みるみる雪が溶け、すぐ近くの凍りついた河は雪解け水を流しきることができず、氷の上に二メートル近くもの高さで水があふれてくる。そのうち、雷のような轟音《ごうおん》を立てて氷が流れ出した。氷はたちまち重なりあい、即座にまわり一帯に押し寄せ、長い冬の間に十四頭のハスキー犬たちが残した排泄物《はいせつぶつ》の固まりを押し流しながら小屋の中にも侵入してきた。

とうとう、氷の重なりも壊れて消え、水は引いた。しかし、小屋はすっかり魅力を失ってしまっていた。床の上には三十センチもの厚さのゴミがたまり、何とも気持ちが悪い。私は、小屋の上手の砂利山に自分のテントを張ることにした。ところが、その夜のことだ。何やら聞き慣れない音が気になって、どうあがいても寝つくことができない。からだを起こし、私は聞き耳を立てた。

物音はまっすぐ北、河の向こう側から聞こえてくる。すすり泣くような、鼻をクンクン鳴らすような、小さな遠吠えのような、奇妙な音のメドレーだった。ライフルを握る私の手がゆるむ。科学者が得意とすることが何かあるとすれば、それは経験から学ぶということだ。今度はだまされたりしない。鳴き声は明らかにハスキー犬のもので、おそらく子犬だろう。マイクの犬に違いないと、私は推論した。まだすっかりおとなになりきらず、引き具をつける訓練を受けていない犬が三頭いて、いつもチームの後ろをばらばらに追いかけていた。それが迷子になり、足跡をたどって舞い戻り、誰か助けに来てはくれないかと哀願しているのだ。

私は嬉しくなった。もしも子犬に友達が必要なら、仲良しさん、それはぼく！という気分。急いで服を着て川岸に駆け下り、カヌーを水に下ろし、勇んで反対側の岸辺に漕《こ》いで行った。

子犬は悲しそうな吠え声をやめようとしない。安心させるために声をかけようとしたとき、聞き慣れない人間の声が彼らを驚かせてしまうかもしれないという考えが浮かんだ。それで私は、そっと接近し、あやしてやれるほど近づいてから姿を現わすことに決めた。

声の調子から犬は川岸からほんの数メートルのところにいるはずだと踏んだけれど、薄明かりのなか、割れた玉石の上を進み砂利山を越えても声の大きさは同じままで、少しも近づいているようすがない。多分もの怖じして、後退しているのだろう。びっくりさせるのではないかと心配だったので、クンクンいう声がやんで、どちらの方向に進んだらいいのかわからなくなってからは、じっと静かにしていた。そのうち、前方に、切り立った小山がぼんやり目に入った。その頂上に登ればはっきり見渡せるし、迷子の犬の居場所もわかるだろう。小山の頂に近づいて、腹這いになって（ボーイスカウトにいたころ習った野外技能の実践というわけだ）注意深く、最後の一メートルほどをじりじり前進する。

頂からゆっくり頭をつき出すと、目の前に、目指す相手がいた。からだを横たえ、明らかに、悲しそうな歌声の後の休息をとっているところだ。鼻先が、私から二メートルばかりのところにある。私も、そして相手も、黙って見つめあった。相手の大きな頭蓋骨の中で何が起こっていたのか、私にはわからない。しかし、私の頭の中は、これ以上ないくらい混乱していた。私は、十分成長したホッキヨクオオカミの琥珀色の視線をまっすぐ覗きこんでいたのだ。相手はおそらく私より体重も重く、明らかに、接近戦での技術だってはるかに優れている。

数秒間、両者とも動かず、催眠術にでもかけられたかのように互いの目を見つめあった。オオカミの方が最初に呪文から解き放たれた。ロシア人の踊り手かと見まがうばかりの跳躍を見せると、まっすぐ一メートルほども空中に跳びあがり、地上に降り立って走り去ったのだ。教科書には、オオカミは時速四十キロで走ることができるとある。しかしこの時は、走るというより低く飛ぶというようすで、数秒後には視界から消えていた。

私の方の反応といえば、それほど劇的ではなかった。それでも私自身、クロスカントリーで何がしかの記録を出せたかもしれない。あまりに力いっぱいカヌーを漕いだせいで、河の反対側の岸辺にすっかり乗りあげたほどだった。それから、資材を管理する自分の責任を思い出し、小屋にとって返して戸口にかんぬきをあてると、床の上の堆積物の不快さをものともせず作業台の上に這いあがった。しばらくの間、その夜の平静を取り戻すべく、できるかぎり自分をくつろがせようと試みた。

厳しい幕間劇ではあったけれど、ほんの束の間とはいえ、ついに研究対象とするべき動物との接触を果たせたことを自分自身祝いたい気分だった。

6 巣穴

あれやこれやで、なかなか寝つかれなかった。作業台は固くて小さすぎる。小屋の空気はどんよりと重い。今しがたのオオカミとの出会いの記憶が、あまりに生々しかった。羊の数を数えようと思っても羊はすぐにオオカミに姿を変え、前よりもっと目が冴《さ》えてしまう。しまいには、床下に棲むヤチネズミがまるでオオカミが戸口で匂いを嗅いでいるのとそっくりな音を立てはじめる。とうとう私は眠ろうとするのをきっぱりあきらめ、マイクの灯油ランプに火を灯し、観念して夜明けを待つことにした。

思いが勝手に今夜の出来事に立ち戻るのにまかせておく。出会いはほんの束の間だったのに、細部の豊かさまで思い起こせることに驚嘆した。心の目に、まるで彼（彼女だったかもしれない）を何年も前から知っているようにはっきり思い描くことができる。幅広いひだ襟のような白い首の毛、短くとがった耳、琥珀色の目、灰色がかった鼻面をそなえたあのがっしりした頭の像などが記憶から消え去らない。飛んで行くオオカミもそうだ。やせて筋張った身のこなし、小さな子馬ほどあるからだ全体からは、相手を死にいたらせる力が秘められているような印象を受けた。

そうしたことを考えれば考えるほど、自分が勇気ある人物を演じなかったことがはっきりしてくる。その場からの撤退のありさまは、いかにも慌てふためき、威厳に欠けていた。しかし、オオカミの方だって、彼（あるいは、彼女）らしく振る舞ったわけではない。そんな考えが浮かんでくると、埋めあわせがつくようで幾分か気が晴れた。外ではすでに太陽が灰色がかった青白い光で寒々とした世界を照らし、精神状態も、昇る太陽に歩調を合わせていたのだろう。

明るくなるにつれ、再び、自分は絶好の機会を逃してしまった、ひょっとすると二度と訪れることのない好機を逸してしまったのかもしれないという思いが生じてきた。オオカミの後を追い、彼（あるいは、彼女）の信頼を取り戻すべきだ。少なくとも、彼らに対して少しも悪意を抱いているわけではないとわかってもらうべきだ、という考えが浮かんできた。

毎日小屋の入り口近くのゴミをあさりにくるカナダカケスも、活発に活動を始めている。私はストーブに火をつけ、朝食を作った。それから、意を決して、リュックサックに食べ物をつめ、ライフルと拳銃の弾丸を見つくろい、双眼鏡を首にかけ、前夜の失敗を埋めあわせるために出発した。計画はひたむきなものだった。まっすぐオオカミが姿を消した地点まで行き、足跡をたどり、彼（あるいは、彼女）を見つけ出すまで後を追うつもりだ。

最初の行程はごつごつと岩だらけで、飛ぶように姿を消した昨夜のオオカミのようにはいかない。はるかに手間どった。しかし、とうとう彼（あるいは、彼女）の姿が最後に見えた低い頂によじ登った。目の前に、足跡がはっきりついていそうな広々とした沼沢地帯が広がっている。事実、ほどなく一組の足跡がチョコレート色の湿地を横切っているのを発見した。

大喜びすべきところだったかもしれない。が、そうはならなかった。じつのところ、オオカミの足跡を見た途端、自分がまったくそれについて何も知らないことに気づいたからだ。ホッキョクオオカミの足跡が直径十五センチあるということを教科書で読むのと、目の前の何もない無限の空間にそれが連なっているのを実際に見るのは別のことだ。それは、人の情熱をくじく効果をもっている。目の前のマンモスのような足跡は、一メートルもある歩幅とともに、自分が追跡しようとしている獣がおよそハイイログマほどの大きさのからだのつくりであることを示唆していた。

私はかなり長い間、その足跡を調べていた。携行用の磁石を持ってくるのをうっかり忘れていたことに気づかなかったら、多分、さらに長い間それを調べていただろう。磁石を持たずに何の目印もない荒野に足を踏み入れるなど無謀なことなので、残念ながらその場は小屋に引き返すことに決めた。

マイクの小屋に戻ってみると、おいたはずの場所に磁石が見あたらない。実際どこかにおいたのか、あるいはオタワを出て以来それを目にしたことがなかったのか、思い出すことができなかった。これは困った。しかし、時間を浪費してもいられないから、省が用意してくれた標準作業書を取り出し、オオカミの項にあたってみた。もちろん、それまでに何度もその項は読んでいた。しかし、特筆すべき事実のいくつかが、明らかに、私の心にはっきりとは刻みこまれていなかった。今、本物のオオカミの足跡を初めて見て、私の知的想像力は研ぎすまされている。私は新たな関心と理解力をもって、その項を読み直した。

手引書の情報によると、ホッキョクオオカミは、カニス・ルパスのたくさんの亜種のうち、最も大きい。いくつかの標本では、体重七十五〜八十キロ、鼻先から尾の先まで二百六十センチ、肩までの高さ百センチ余りあるという。ホッキョクオオカミの成獣は（おそらく条件が整えばいつでもそうだろうと思われるが）一回の食事で十四キロの生肉を食べる。歯は、「がっしりした構造で、食いちぎることも嚙み砕くこともでき、最大の哺乳《ほにゅう》動物でも簡単にばらばらにするし、最も硬い骨でも砕くことができる」。文章の最後は、次のような簡潔な言葉で終わっていた。「オオカミは残忍で、強力な殺し屋である。最も人間に怖がられ、嫌われている動物のひとつであり、それには相応の理由がある」。どんな理由かは書かれていない。何にせよ、理由はあり余るほどあるのだろう。

その日はずっと非常に考え深くなり、オオカミの信頼を得ようなどという希望は過度に楽天的すぎるのかもしれないなどとつらつら考えた。自分が彼らに対して悪意などもっていないことを実際に示すことは、容易にできそうに思われる。といって、オオカミの方に応える気がなければ、たいして価値がないようにも感じられる。

翌朝私は地獄のように乱雑な小屋の中を片づけにかかり、途中で磁石を見つけた。それを窓際の棚において仕事を続けていると、太陽が真鍮《しんちゅう》の表面をまともに照らし、とがめるように光っている。そこで、仕事をあきらめ、私とオオカミとの失われた接触を再び取り戻すべく、さらなる努力をすることにした。

二度目の探検旅行は、前よりさらにスピードが遅かった。というのは、私はライフルとショットガンと拳銃に銃帯、小さな手斧と狩猟ナイフ、加えて氷の流れに落ちこんだときのためのオオカミジュースのビンを持っていたからだ。

暑い日だった。亜北極帯の春は、熱帯のような暑さになることがある。最初の蚊の群れが、空を埋めつくす大群がすぐそこまで来ていることを告げていた。そうなったら、バーレンの旅はすぐさままぎれもない地獄の旅になる。私はオオカミの足跡の位置を確かめ、決然とそれを追った。

足跡は数キロの間まっすぐ沼地を横切っていた。オオカミの足跡は十センチ足らずしか沈んでいないのに、私の足は表面から三十センチほど下にある固い氷に届くまで沈みこむ。やっとまた別の砂利山に登り、オオカミの足跡がそこから先すっかりなくなっていたときには、大いにほっとした。

もう一度続きの足跡を見つけだそうとやってみたけれど、いかにもおざなりな探索だった。海原の水平線のようなはるか遠くの地平線まで遮られることなく続くでこぼこの沼地や凍って割れた石の陰気な世界を見まわすと、それまでの人生で味わったこともないほどの孤独を感じる。空っぽの空の静けさを破る懐かしい飛行機のエンジン音もしない。遠くの自動車の騒音が足下の大地をゆるがすこともない。どこからか聞こえてくる姿の見えないチドリの鳴き声だけが、樹も生えない月面のようなこの土地のどこかに生命が存在することを示していた。

地衣類に覆われたいくつかの岩の間に落ち着き場所を見つけ、私はそこにからだをすっぽり押しこんでのどを潤し、昼食をとった。それから双眼鏡を取りあげ、荒涼とした土地に何か生き物の気配がないか調べはじめた。

まっすぐ正面に大きな湖の氷に覆われた入り江があり、入り江の反対側に、沼地のくすんだモノクロームの世界にわずかながら変化をつけているものがある。黄色い砂のエスカー〔小石や砂が堆積した、細く曲がりくねった堤防状の地形〕で、十五メートルか二十メートルの高さに堆積し、巨大な蛇のように曲がりくねって遠くまで続いている。

こうしたバーレン・ランドのエスカーは、一万年ほど前、キーワティン地方の凍土を何百メートルもの厚さで覆っていた氷河の上を流れ、その後、今からはるか以前に消えてしまったV字形の河底の名残だ。氷が溶けたとき、河底の砂がその下にあった地面の上に逆さにおき去りにされ、今ではツンドラ平原の寒々とした単調さを破るほとんど唯一の視覚的な救いとなっている。

私は心動かされながらこれを眺め、詳細に観察した。双眼鏡を動かしていくと、何か動くものが目に映った。距離は遠かったが、ちょうど入り江の反対側のエスカーの頂上で、誰かが頭の上で手を振っているように見える。すっかり興奮して、私はよろよろ立ちあがり、小走りに入り江の岸のはずれまで行ってみた。エスカーから三百メートル足らずのところで一息つき、双眼鏡を取り出してもう一度眺めた。

さっきちらりと見たものは、依然、視野の中にある。しかし、今度は誰かが、あるいは姿の見えない何者かが白い羽根のような襟巻きを一生懸命振っているように見える。何とも説明しがたく、それまで自然史の中で耳にしたものはどれひとつあてはまりそうもない。当惑しながら見つめていると、最初の襟巻きに第二の襟巻きが加わって激しく振られ、次いで両方ともエスカーの頂越しにゆっくり移動しはじめた。

科学的には説明のつかない現象のようで、何だか不安になりはじめた。実際私は、誰か心霊研究の専門家でもひょいと姿を現わしてくれるまで、その光景に関心を払うのはやめにしようかと思ったほどだ。その時、何の警告もなしに二つの襟巻きがこちらを向き、しだいに高くあがってくると、とうとうエスカーの稜線に二頭のオオカミの影が現われた。

エスカーは入り江の岸辺の私がいる場所を見下ろす位置にあり、私は、有名なブラジャーの広告に出てくる女性になって裸のままさらされているような気がした。できるだけ小さく身をかがめ、岩の間に潜りこみ、可能なかぎり目立たないように身をすくめた。ところが、案ずるほどのことはない。オオカミたちは私に何の注意も払わなかったし、実際、私を見たところでどうこうすることはなかったみたいだ。自分たちのしていることにすっかり夢中になっている。少しずつわかってきたことでなかなか信じられなかったけれど、彼らはその時、鬼ごっこに興じていたのだ。

自分の目が信じられなかった。オオカミは、まるで生まれてまだひと月の子犬といった風情でじゃれあっている。幾分小さい方のオオカミ（すぐに、はっきりとそれが雌である証拠が示された）が主導権を握っていた。前足を伸ばしてその上に頭を乗せ、お尻をこの上なく品のないやり方で持ちあげると、からだの大きい雄の方に飛びかかっていく。その雄がすでに二日前に出会った知り合いであることは明白だ。彼女から身をかわそうとして、彼はつまずき、ころがった。すぐに彼女は、その上にのしかかるとお尻をすばやく噛み、横に飛び退いて彼のまわりをぐるぐる走る。雄は立ちあがり、追跡し、さんざん苦労してやっと今度は彼女の尻を噛むことができた。そこでまた再び役割を交代し、雌が雄を追いかけはじめ、雄は雌に夢中になって追いかけさせ、上になり下になり、エスカーの端まで来るととうとう二頭とも急な斜面に足をとられ、くんずほぐれつひと塊になったままずり落ちてしまった。

下につくと二頭は身を離し、毛から砂をふり払い、鼻面を合わせんばかりにしながら激しく喘《あえ》いでいる。その後、雌は後足で立ちあがり、文字通り前足で雄を抱擁し、長い舌で激しくキスを浴びせかけはじめた。

雄の方は、こうした過剰な愛情表現を楽しむというより、耐えているようすだ。頭をそらそうとしても無駄だった。思わず私は、彼に同情したい気持ちになった。というのも、真実それは、淫らな情熱の、恥さらしなまでにあからさまな表現だったからだ。にもかかわらず雄は、雌がくたびれはてるまであらんかぎりのストイシズムを発揮して我慢している。その後、雌は彼から身を離し、背を向けると、エスカーの斜面を途中まで登り、それから、……消えてしまったのだ。

何の痕跡も残さず、地球の表面から忽然《こつぜん》と消えてしまったように見えた。彼女の姿を最後に見た場所辺りのエスカーのくぼみの暗い影に双眼鏡をふり向けて、事情がのみこめた。暗い影は、洞穴、すなわち、巣穴の入り口で、雌のオオカミがその中に入って行ったのはほぼ間違いない。

ひとつがいのオオカミの居所を確認しただけではない。信じがたいほどの幸運なめぐりあわせで、巣穴の場所まで見つけ出した。そう気がついて、有頂天のあまり私は警戒心を忘れ、巣穴の入り口をもっとよく見ようと小山のそばまで走って行ってしまった。

雌が立ち去ってからエスカーのふもとでぶらぶらしていた雄のオオカミが、すぐさま私を見た。三、四回の跳躍で彼はエスカーの頂に達し、緊張をみなぎらせ、威嚇するような警戒の姿勢でこちらを向いて立っている。彼を見あげた途端、私のはしゃいだ気分はたちまちしぼんでしまった。もはややんちゃな子犬などではなく、すばらしい破壊マシーンに変身している。その印象はあまりに強烈で、身につけていたビンが私の歯の調子に合わせてカタカタ音を立てはじめたほどだ。

今日のところはオオカミの家族をこれ以上邪魔しないようにしようと決心した。彼らを動揺させでもしたら、おそらくどこかに移ってしまいかねないと恐れたからだ。それで私は、撤退を始めた。容易な退却ではなかった。というのも、科学者業界の複雑な金属機器に邪魔されながら（まさに、その時の私はそうだった）、一キロ余りの距離、でこぼこの岩だらけの斜面を後ずさりしながら登って行くのはこのうえなく難しかったからだ。今の私には、その難しさがわかる。

最初にオオカミを見つけた小山の頂まで戻り、私は双眼鏡でもう一度眺めてみた。雌の姿は依然として見えない。雄は警戒の姿勢をゆるめ、エスカーの頂に横になっている。私が眺めていると、犬がするように二、三度ふり返り、それから尾の下に鼻先を入れて明らかに昼寝でもしようというくつろいだようすになった。

もはや私のことには関心がないとわかって、ほっとした。私の偶然の侵入が過度にオオカミたちをいらだたせ、その結果、こんなに遠くまでわざわざ探しにやって来た動物を研究するまたとない好機を台無しにしてしまっていたとしたら、きっと悲劇であっただろう。

7 観察される観察者

私に対する大きな雄オオカミの関心が長続きしなかったことに勇気づけられ、翌朝もう一度巣穴を訪ねてみようという気になった。しかし今回は、ショットガンや手斧の代わりに（依然ライフルと拳銃と狩猟ナイフは忘れなかったけれど）、高性能の潜望鏡型望遠鏡と三脚を持って行った。

よく晴れた朝で、蚊の先遣隊を吹き払うほどの風が吹いていた。エスカーに面した入り江に到着し、巣穴から四百メートル近く離れた一番高い岩山を選び出した。私の姿が見えないように頂の反対側に望遠鏡を据えつけ、対物レンズの先だけを向こう側に出して覗《のぞ》いてみることにしよう。申し分ない調査技術を駆使しながら、オオカミたちに姿を見られないよう予定の観察地点に接近する。風は向こう側からこちらへ向かって吹いているし、私の到着を気取られていないことは確かだ。

すべての準備が整い、私は望遠鏡の焦点を合わせた。しかし、くやしいことに、オオカミは見えない。望遠鏡の倍率はエスカーの砂を一粒一粒見分けられるほどで、にもかかわらず、巣穴の両側一・

五キロほどをくまなく探したのに、オオカミがいる気配も、いた気配も見つけられなかった。お昼になる頃には目が疲れ、さらに悪いことに、痙攣《けいれん》まで起こってきた。とうとうしまいには、前日の仮説は残念ながら誤りで、「巣穴」と思ったのはたまたま砂の中にあった穴にすぎないと結論づけてしまいそうだった。

もしもそうなら、がっかりだ。というのは、私が練りあげたこみいった研究計画やスケジュールはすべて、オオカミの側からの多大な協力がなければほとんどうまくいきそうもないことがわかりはじめていたからだ。こんな広大な何もない土地では、よほどの幸運でもないかぎりオオカミを視界にとらえられる見こみはない（しかも私は、すでに、私に分配されるはずだった好運を使いはたしてしまっている）。もしも私が見つけたのがオオカミの巣穴でないとしたら、こののっぺりした顔なしの荒野で実際のオオカミの巣穴を見つける機会など、ダイヤモンドの鉱脈を見つけるのと同じようなものであることはわかっていた。

意気消沈して、私は望遠鏡を使った非生産的な調査に立ち返った。エスカーには誰もいない。熱い砂が熱波を送りはじめ、ますます目の疲れが増す。二時になって、私は希望を捨てていた。もはや身を隠している理由もない。そこで私はぎこちなく立ちあがると、用をたそうとした。

ところで、広い海の真ん中でたった一人ボートに乗っていようと、道もない森の中でみんなから離れていようと、ボタンをはずすというまさにその行為が、ひょっとして誰かに見られているのではないかと異常に私たちを神経質にさせてしまうというのは注目すべき事実だ。この決定的に重大な時、よほどの自信家以外、たとえプライバシーが守られていることが確かでも、本当に自分一人かどうか再度確認しようと、こそこそまわりを伺ってみるということをしない人間などいるだろうか。

そして、自分一人だけではなかったことを発見したら、くやしいという言葉だけでは足りないことだろう。まっすぐ私の後ろ、二十メートルと離れていないところに、見失ったオオカミが座っていたのだ。

まるで何時間も私の後ろに座っていたかのように、すっかり気楽にくつろいだようすだ。大きい方の雄はいささか退屈しているみたいだ。しかし雌の方は、厚かましい、淫らな好奇心の表われと受けとれるほどの視線をじっと私に注いでいる。

人間の心とはじつに驚くべきものだ。ほかのどんな状況でも、きっと私は恐慌にかられて狼狽《ろうばい》しただろうし、それを責める人だってほとんどいないと思う。しかし、その場の状況は普通と違っていて、私の反応は凶暴な怒りだった。怒りにかられ、私は眺めていたオオカミに背を向けると、いまいましさに震える指で急いでボタンをかけた。尊厳といわないまでも、体面を整えると、自分でもびっくりするほどの毒々しさでオオカミたちをののしったのだ。

「シーッ、シーッ!」。私は大声で怒鳴っていた。「一体全体、何のつもりなんだ、おまえたちは……、おまえたちは、……覗き屋だ！　あっちへ行っちまえ、こんちくしょう」

オオカミたちはびっくりした。跳ね起きると、野生的な思考をめぐらして互いに目を合わせ、足早にその場を離れると砂利山のくぼみを下り、入り江ぞいにまわってエスカーの方向に姿を消した。一度もふり返らなかった。

彼らが立ち去ると、別の反動が襲ってきた。無防備な背後の、ほとんどひと跳びしか離れていないところに、いつからか知らないがずっと彼らがいたということに気づいたときの混乱で、オオカミの出現で中断させられた観察を再開しようなどという考えはすべて捨て去らなければならなかった。精神的にも肉体的にも疲れはて、私は急いで道具をまとめると小屋に向かった。


その夜は、思考が混乱していた。祈りがかなえられたのは本当だ。オオカミたちは、再び現われたという意味で、確かに協力的だった。しかし一方、誰が誰を観察していたのかという、些細《ささい》な、しかし執拗《しつよう》な疑いが私を苦しめた。ホモ・サピエンスの一員としての特別の優越性のゆえに、加えて集中的な技術訓練のおかげで、自分には最上位を占める者としての誇りが付与されていると私は感じていた。そのプライドが否定され、実際観察されたのは私の方だという密かな疑念が私のプライドに動揺をもたらした。

今度こそ主導権を取り戻すために、朝になったらオオカミのいるエスカーに直行し、巣穴と推定されるものを詳しく調べてやろうと決心した。河の氷が消え、湖に浮かぶ氷も強い北風で岸から離れていたので、カヌーで行ってみることに決めた。

オオカミハウス湾（と、私は命名することにした）への旅は、快適でゆったりした旅だった。毎春の、マニトバの森林地帯から遠いドーボーント湖近辺のツンドラ平原に向かうカリブーたちの北への移動が始まっていた。どちらを向いても、沼沢地帯やうねうね続く丘を越えて行く無数のカリブーの群れを見ることができる。エスカーに近づくと、オオカミの気配はない。昼食用にカリブーを狩りに出かけているのだろう。

カヌーを岸につけ、おそるおそるカメラと鉄砲と双眼鏡などの装備を担ぎ、崩れ落ちてくるエスカーの砂を苦労しながら登って雌が消えた場所に向かった。途中で私は、このエスカーがたとえ家でないにしても、少なくともオオカミのお気に入りの散歩道であるという間違いない証拠を見つけた。あちこちに糞《ふん》が散らばり、いたるところオオカミの足跡でちゃんとした道のように踏み固められていたからだ。

巣穴はエスカーの小さなくぼみに位置していた。あまり巧みに隠されていたので、その地点まで行きながら、私はついつい見過ごして通り過ぎてしまった。とその時、小さなキーキー声が私の注意を引いた。足を止めてふり返ると、私のすぐ下、五メートルも離れていないところで、四つの小さい灰色の獣の子がくんずほぐれつのレスリングをしている。

最初私には、それが何なのかわからなかった。とがった耳の太ったキツネ顔、カボチャのように丸い太っちょの胴体、短い弓なりの足に小さな上向きの小枝のようなしっぽ、それらはみな私が知っているオオカミの概念からかけ離れていて、私の頭脳が論理的な関連づけを拒否してしまっていた。

突然、子どもの一頭が私の匂いに気づいた。兄弟たちのしっぽを食いちぎろうとしていた動作を止め、くすんだ青い目を私の方に向ける。自分の見たものに明らかに興味を覚えたらしい。取っ組みあいからよろめき出ると、ころげるようなふらふらした足どりで私の方に歩いてきた。しかし、たいして歩かないうちに、ふいにノミにでも食われたらしく、座りこんで掻かなければならなかった。

その瞬間、おとなのオオカミの、警戒と警告に震える張り裂けんばかりの吠え声が発せられた。私のところから五十メートルと離れていない。

牧歌的な情景は弾け飛び、逆上の場面に変わった。

子どもたちは灰色の筋になり、巣穴の入り口の裂けた暗闇の中に消えて行く。私は、親オオカミの方を向こうとからだをまわしたとたん足場を失い、巣穴に向かってゆるやかな斜面をずり落ちはじめた。バランスを取り戻そうとして、私はライフルの銃口を砂の中に深くつき刺した。しかし、そのままからだは滑りつづけ、ライフルの吊り紐《つひも》が伸び、ライフルを引き抜き、どんどんその場から離れていく。急いで拳銃をまさぐってみたけれど、カメラや装具の紐が絡みあい、武器を取り分けることには成功しなかった。ますます砂は崩れ、私は巣穴の入り口をあっさりと通り過ぎ、隆起の縁を越え、エスカーの斜面をすっかり下まで落ちて行った。奇跡的に足で立っていた。が、それは、こぶを越えて行くスキーヤーのようにからだを前に折り曲げたり、あるいは背骨が折れるかと思うほど急角度に後ろに反り返ったりという超人的な軽業のおかげにすぎなかった。

まったくの見ものだったに違いない。まっすぐからだを立ててエスカーをふり返ると、三頭のおとなのオオカミがロイヤルボックスの観客よろしくきちんと横に並び、不思議なものでも見るような歓びの表情を浮かべて私を見下ろしている。

私はすっかり正気を失った。科学者はめったに正気を失わない。しかし、私は失った。ここ数日、私の威厳はあまりに深く傷つけられ、もはや科学者としての冷静さは精神的な重圧とバランスがとれなくなっていた。憤激の唸《うな》りとともに私はライフルを拾いあげた。しかし、幸運にも、しっかり砂がつまっていて、引き金を引いたのに何事も起こらなかった。

どうしようもない怒りにかられて私がぴょんぴょん飛び跳ね踊り出すまで、オオカミたちは驚いているようには見えなかった。私は役立たずのライフルを振りまわし、彼らのピンと立った耳に向かって呪いの言葉を浴びせかけた。そこにいたって彼らは、怪訝《けげん》そうな顔を見かわすと静かに引きあげ、視界から消えてしまった。

苛酷な科学的任務を続行するにふさわしい精神状態ではなかったので、私も引きあげた。じつを言うと、小屋に戻り、ずたずたになった神経とぼろぼろになった虚栄心から立ち直るためにオオカミジユースのビンに慰めを求める以外、何もできない精神状態だったのだ。

その夜私は、くだんのものと長く有益な親交をかわした。そして、その癒しの効果で精神的な傷口の痛みが治まってくるにつれ、ここ数日間の出来事をふり返りはじめた。長い間に習慣づけられてきた私の心の中に芽生え、避けようもなく明らかになってきたのは、何世紀にもわたって普遍的に受け入れられてきたオオカミの性格についての人間の観念は明々白々な嘘だという知見だった。一週間足らずのうちに起きた三回それぞれの出会いのどの場面でも、私は完全に「残忍な殺し屋」たちの慈悲の中におかれていた。私が彼らの家を侵略し、幼い子どもたちに直接危害を加えそうに見えたときでさえ、彼らは、手足をバラバラに引き裂こうとするどころか、幾分かの軽蔑をこめながらも自制した態度で見逃してくれた。

ここまでは明らかだ。にもかかわらず、私はなぜか神話を下水に流してしまうのをためらっていた。ためらいの幾分かは、疑いなく、オオカミの本性について受け入れられている人間の観念を捨て去ることで、自分自身が科学に対する反逆に身を投じてしまうことになると考えたせいだ。また、真実を認めることで、私の使命から高度な危険と冒険というすばらしいオーラを奪ってしまうことになるのを知っていたからだ。そしてまた、ためらいの少なからぬ理由は、自分がたわいない間抜けに見えるような振る舞いをさせられた、しかも、仲間の誰かではなく単なる野蛮な獣によって、という事実を受け入れたくはない、という思いだった。

にもかかわらず、私はそうした思いに耐えた。

翌朝オオカミジュースとの親交から抜け出たとき、身体的な意味では幾分くたびれ、体調を崩していたにもかかわらず、精神的には洗い浄《きよ》められていた。自らの悪魔と格闘し、勝利したのだ。私は決心を固めていた。これ以後、心を開いてオオカミの世界に入りこみ、憶測の中のオオカミではなく実際のオオカミの姿を見て学び、知っていこうと。

8 土地の囲いこみ

それから数週間、私は、知る人ぞ知る例の徹底さで決心を実行に移した。丸ごとオオカミたちまで身を落とすことにしよう。手はじめに、なるべく近く、簡単に近づくことができ、しかも、彼らの日々の単調な生活をそれほど妨げないと思われるほどの距離に自分自身の巣穴を作ることにした。結局のところ、確かに自分はよそ者だし、オオカミではないのだから、あまり性急にことを進めてはいけないと感じていた。

小さなテントを持ってマイクの小屋を離れ（正直なところ、温度があがるにつれて小屋中ひどい匂いが充満し、そこを出られて大いにほっとした）、巣穴のあるエスカーのふもとの入り江からちょうど真向かいの岸辺にテントを設営した。キャンプ用具は必要最小限ぎりぎりにおさえてある。小さな携帯用石油ストーブ、シチュー鍋、ヤカン、それに寝袋といった必須品目だけ。武器は何も持たなかった。その後、ほんの束の間それを後悔したことが何度かあったけれど。テントの入り口に、昼でも夜でも寝袋に入ったまま巣穴が観察できるよう、大きな望遠鏡を据えつけた。

オオカミのもとへ逗留《とうりゅう》して最初の何日かは、ほんの少し必要に迫られて外へ出る以外、テントの中にとどまった。外へ出るのも、常にオオカミが視界にないときを選んだ。こうして姿を隠しているのは、テントに慣れてもらい、大地の凹凸にもうひとつ別の凹凸が加わったくらいに事態を受け入れてもらうためだ。その後、蚊の全盛期を迎えてからは、強い風が吹いているとき以外ほとんどテントにいた。何しろ北極圏で最も血に飢えた生き物は、オオカミなどではなく、飽くことを知らぬ蚊の大群なのだ。

オオカミの邪魔になりはしないかという気遣いは余計だった。私が彼らの尺度に慣れるには、一週間を要した。しかし彼らの方は、最初の遭遇のときからすでに私の尺度に慣れていたに違いない。彼らがことさらはっきりと軽蔑的な態度を示していた、というようすはない。しかし、私がそこにいることを、というか、私の存在そのものを、いささか面食らってしまうほどの徹底さでものの見事に無視していた。


私がテントを張った場所は、まったく偶然、オオカミたちが西の方にある彼らの猟場に行き来する主要な通り道から十メートルと離れていなかった。それで、住まいを定めて数時間も立たないうちに、彼らの中の一頭が猟から戻り、テントと私を発見することになった。夜のきつい仕事の後で、明らかに疲れ、家に戻って休みたいようすだ。頭を垂れたまま五十メートルほど離れた小さな丘をやって来るその姿は、半ば目を閉じ、考えにふけっている。作り話に登場する超自然的な敏捷《びんしょう》さや猜疑心《さいぎしん》をそなえた獣とははるかにかけ離れ、このオオカミはすっかり自分のことだけに没頭し、私から十五メートルほどのところまでまっすぐやって来た。もしも私がヤカンに肘をぶつけて大きな音を鳴り響かせなかったら、テントには目もくれずそのまま通り過ぎていただろう。オオカミの頭が持ちあげられ、その目が大きく開かれ、しかし、立ち止まりも、たじろいでペースを変えたりもしない。そのまま道をたどるだけで、ほんのわずか横目で眺める以外まったく相手にしてくれなかった。

自分が目立たないようにと願っていたのは本当だ。しかし、それほど完璧に無視されてしまうと、何だか落ち着かなくなってしまう。しかも、それに続く二週間の間、毎晩一頭か二頭のオオカミがその道をたどってテントの脇を通りながら、少しも私に関心を示さなかったのだ。記憶に残る、ひとつの機会を除いては。

そのことが起こる頃までに、私は、オオカミ風の暮らしを送る隣人たちについて随分たくさんのことを学んでいた。明らかになった事実のひとつは、決して彼らは、広く普遍的に信じられているような遊牧の放浪者ではなく、定住動物で、きわめてはっきり境界づけられた恒久的な領地をもっているということだ。

私が観察しているオオカミ一家が所有している縄張りは二百五十平方キロ以上に及んでいて、一方は河で区切られているものの、それ以外は地形的な条件によって区切られていない。といっても、オオカミ流のやり方ではっきり決められた境界は、確かにあった。

隣り近所を歩きまわり、適当な地点に個人的な印をつけていく犬を観察したことがおありの方なら、オオカミたちが自分の領地にどうやって印をつけるのか、すでにお察しのことだろう。一週にほぼ一度、一族は家族の土地を巡回し、境界の印を更新する。一種の、オオカミ式杭打ち作業というわけだ。財産権に対するこうした注意深い配慮は、おそらく、われわれの土地と境を接するほかの二つのオオカミ家族の存在によって必要となるに違いない。といっても私は、隣りあう地所の所有者たちとの諍《いさか》いや軋轢《あつれき》のどんな確かな証拠も発見したことはなかった。とすればそれは、どちらかというと儀礼的な活動といっていいと思う。

いずれにせよ、いったんオオカミたちの間に存在する財産権に関する強いこだわりに気がつくと、私はこの知識を、少なくとも私の存在を認知させるために使ってみようと決心した。ある夕方、彼らがいつもの夜の狩りに出かけてしまった後、自分自身の財産権を主張する杭を打つことにしたのだ。私の領有地は、テントを中心におよそ一ヘクタール余りの広さで、オオカミの通り道を百メートルほど含んでいる。

土地に杭打ちを始めると、予想以上に大変なことがわかった。自分の宣言が確実に見落とされないようにするためには、自分の主張する領域の円周上にある石の上、苔《こけ》の固まり、まばらな植物の上に、五メートル以上離れないように領土標識をつけていかなければならないと感じた。これにはほぼ一晩中かかり、おまけに、おびただしい量のお茶を消費するため、しばしばテントに戻らなければならなかった。それでも、夜明けが猟師たちを家につれ戻す頃にはどうやら仕事を終え、私は疲労困憊《こんぱい》して、結果は如何にと引きあげた。

長くは待たされなかった。私のオオカミ日誌によれば、八時十四分、一族のリーダーである雄が背後の尾根に姿を現わし、思案に没頭した普段と同じようすで家に向かって歩いてきた。いつものように、テントの方には目もくれない。しかし、私の領土境界線が自分の通り道と交差する地点に来たとき、まるで見えない壁にぶちあたったように突然停止した。私のところからは十五メートルしか離れていない。双眼鏡越しに、彼の表情をはっきり見てとることができる。

疲れた素振りが消え、当惑したようすに変わった。注意深く鼻をつき出し、私が印をつけた草むらの匂いを嗅いでいる。どう考えたらいいのか、どうしたらいいのかわからないみたいだ。一分間、何をどうするか決められずにいた後、彼は数メートル後退して座りこんだ。そしてそれから、とうとうテントと私の方をまっすぐ見た。長い、考え深げな、何か思いめぐらしているというふうな目つきだ。

少なくとも、どれか一頭にでも自分の存在を認めさせてやろうという目的は達せられた。しかし、次に私は、自分の無知のせいで何かきわめて重要なオオカミの掟を犯してしまい、無謀さの償いをさせられるのではないだろうかと考えた。自分を見つめる目つきがさらに長く、さらに考え深げで、さらに厳しくなるにつれ、自分には武器がないことを悔やみはじめていた。

私は、すっかりそわそわしてきた。というのも、にらめっこは嫌いだったし、特にこの場合、相手は名人だし、彼を見下してやろうと試みるにつれ、黄色い眼ざしにはますます悪意がこめられているように思われたからだ。

これ以上この状況に耐えることはできない。どうにかして行きづまりを打開しようと私は大きく咳払いをし、オオカミに背を向けた（といっても、わずか十分の一秒間ほどだ）。もしも実際に攻撃するのでないのなら、そうやってまじまじと見つづけているのは無礼であるとこちらが感じていることを、できるだけはっきり示したかったからだ。

暗示に気づいたらしい。立ちあがると、もう一度私の印の匂いを嗅ぎ、それから心を決めたようだった。きびきびと、しかも決然としたようすでこちらへの注意をふりほどき、私が自分自身の杭打ちをした領域をきちんと順番にめぐりはじめたのだ。領土標識のところに来るたびに、一度か二度匂いを嗅ぎ、それから注意深く草むらや石の外側に彼の印をつけている。そのようすを眺めていて、無知とはいえ、自分のやり方のどこが間違っていたのか理解した。彼のやり方はきわめて経済的な印のつけ方で、ひとまわり全部を一度の補充もなしに、あるいは、ほんの少し比喩を変えるなら、燃料タンク一個分でやってのけた。

仕事は完了した。しかも、十五分とかからなかった。彼は、自分の通り道が私の領有地を離れる地点までやって来ると、そこからすたすた家の方に歩いて行く。後に残された私の頭の中は、さまざまな思いでいっぱいだった。

9 やさしいアルバートおじさん

公式に宣言され、オオカミたちによって批准されると、飛び地的な私の縄張りに対する侵略の恐れはなくなった。彼らは、決して二度と私の領土を通過しなくなったのだ。時々通りかかって境界線の自分たちの側の標識を更新する者はいても、儀礼以上のものではないし、私も最善をつくしてそれに対応した。自分の安全に対して抱いていた疑いや懸念が解消し、動物それ自体の研究に注意を注ぐことができる。

観察初期の発見は、彼らはきわめて規則正しい生活を送り、しかしなお、決まったスケジュールにただ闇雲に従っているだけではないということだった。夕方早く、雄は猟に行く。四時頃出かけることもあるし、六時か七時頃まで出発が遅れることもある。いずれにせよ、遅かれ早かれ夜の猟には行く。この猟は随分広い範囲に及んでいるが、私の知るかぎり、家族の縄張り内に限定されている。通常の猟では、夜明けまでに五十ないし六十キロの距離をカバーするだろうと、私は推測した。獲物を得るのが難しい時期ならば、おそらくもっと長い距離に及ぶだろう。ある時など、午後になるまで戻ってこないことがあった。日中は、それと釣りあいをとるため、眠っている。といっても、独特なオオカミ流のやり方で、からだを丸めて五分か十分間短いオオカミ寝入りをする。そうやって寝ては目を開けてすばやく周囲を見まわし、二、三度ぐるりとまわり、それからまた再びまどろみに落ちていく。

一方雌のオオカミと子どもたちは、もっと昼型の生活を送っている。夕方雄が出かけてしまうと、通常雌は巣穴に入りこみ、そこにとどまる。時々空気を吸いに姿を現わしては、水を飲んだり、時には大急ぎの軽い食事をとりに食料貯蔵庫に出かけたりする。

この食料貯蔵庫は、特別の言及に値する。食物を巣穴の近くに蓄えたり、食べ残しをそのままにしておくことはなく、いつも、当座消費するだけの量が運びこまれる。狩りの余剰分は、巣穴から一キロ足らず離れた丸石が重なりあう場所にある貯蔵庫に運ばれ、石と石の狭いすき間に詰めこまれる。それは、当然長時間の猟に一緒に参加できない、授乳中の雌の食料にあてられる。

食料貯蔵庫は、近くに巣穴をもつつがいのキツネにもこっそり使われていた。オオカミたちは、キツネの家の場所を知っていたに違いないし、おそらく、貯蔵庫から一定量が抜きとられていることもすべて承知していたと思う。キツネの巣穴を掘り返し、一腹《ひとはら》の子どもたちを粉砕してしまうことなど容易だったはずなのに、そんなことはしなかった。キツネの側からしてもオオカミを恐れているようには見えなかったし、オオカミからほんの数メートルのところを、オオカミに何の反応も起こさせず影のように横切って行くのを何度か目にしていた。

後に私は、バーレン・ランドのオオカミが使用している巣穴のほとんどはキツネが放棄した巣穴で、オオカミがそれを引きとり拡張したものだと結論した。穴を掘る者としてのキツネの有用性が、オオカミに対する彼らの免疫性を保証している可能性はある。とはいえ、ここでも事態は、オオカミの寛容性という一般的な能力を反映していると考えた方がよさそうだ。

日中、雄がのんびりしている間、雌は活発に家事にあたっている。巣穴の狭いすき間から騒々しく姿を現わす子どもたちも活発で、くたくたになるまで動きまわる。このように、通常二十四時間を通していつも何かが進行中だったり、少なくとも何かが起こりそうだったり、私は望遠鏡にへばりついたままだった。

最初の二昼夜にわたるほとんど休みなしの観察で、私の忍耐も限界に達しそうだった。なんともやりきれない事態だ。決定的に大切な機会を見逃しそうで、眠るわけにいかない。一方、しばしばものが三重に、とまではいかなくとも、二重に見えるほど眠たくなる。もっともこれは、何とか目を覚ましていようと思って消費したオオカミジュースの量と関係があったかもしれない。

何か思いきったことをしなければならないし、さもなければ研究全体が崩壊してしまいかねないことはわかっている。適当な考えも思いつかないまま、私はあることを発見した。巣穴近くの小山ですやすやとまどろんでいる雄を眺めていて、私は自分の問題を解決する方法に気がついたのだ。簡単なことだ。オオカミみたいに昼寝をすることを学べばいい。

コツをつかむのに、しばらくかかった。目を閉じて五分後に再び目を覚まそうとしても、なかなかうまくいかない。二、三度とろとろした眠りを繰り返すと、次には目を開けることに失敗し、気がつくと何時間も経っている。

失敗の原因は私のやり方にあった。というのも、自分がうつらうつらしているオオカミの行動すべてをそっくり真似ていなかったせいだ。わかったのは、寝るのに先だってまずからだを丸め、一眠りした後ぐるぐるまわるという仕草が成功の鍵を握っているということだ。どうしてそうなのかはわからない。おそらく、からだの姿勢を変えることで血行がよくなるのかもしれない。理屈はわからないけれど、しかし、一連の正しいやり方でのオオカミ式昼寝の実践が、通常休息をとるのに必要とされている七、八時間の持続的睡眠以上に、確実にからだをよみがえらせてくれるということはわかった。

不幸にして、オオカミ式昼寝は、われわれの社会への適応能力はもっていなかった。私が文明世界に戻った後のこと、私が恋したある女性は、私から離れて行ってしまった。その時の彼女の猛烈な抗議によれば、私とこれ以上ベッドをともにするくらいなら、くる病にかかったバッタと人生を送る方がましだという。

彼らの家族生活の日々の営みにすっかりなじむにつれ、オオカミたちに対して非人格的な態度を維持することが難しくなってきた。どんなに一生懸命科学的な客観性をもって彼らを見ようとしても、彼らそれぞれの個性的魅力に抵抗できなかった。私のノートの中では厳格に「オオカミA」とされていた雄のオオカミは、私が戦争中一兵卒としてその下で働いたイギリス国王を思い起こさせ、いつの間にか私は彼を王家の家長ジョージと呼んでいた〔カナダはイギリス連邦の一員で、第二次世界大戦中モウェットはイギリス連邦軍に属するカナダ軍兵士として参戦した。当時のイギリス国王はジョージ六世〕。

ジョージは銀白色の毛皮を身にまとい、がっしりしたからだで、いかにも堂々としていた。連れ合いより三分の一ほど大きかったけれど、家長らしいその雰囲気を強調するためにことさら大きさなど必要なかっただろう。何しろ存在感があった。その威厳は冒しがたく、といって超然としていたわけではない。責任に対して誠実であり、他者に思いやり深く、妥当な範囲で愛情深く、人間家族が懐かしく昔を語るたくさんの回想録の中に登場することはあっても、実際に二本足で歩くお手本を目にすることなどめったにない、理想化された父親像といったふうだった。端的にいってジョージは、自分の父親もそうであってほしいと世の息子たちが切望するような、そんな類いの父親だった。

彼の連れ合いも、同じくらい記憶に残った。ほぼ純白のほっそりとしたオオカミで、顔のまわりが厚いふさふさの毛で覆われ、目の間が広く、わずかに目尻があがり、おてんば娘そのものといった感じだ。美しく、元気にあふれ、かなり情熱的で、気分が乗ってくるといたずら好きで、あまり典型的な母親というふうではない。にもかかわらず、それ以上の母親などどこにもいるはずはなかっただろう。私は、いつの間にか彼女をアンジェリンと呼んでいたけれど、自分自身の潜在意識の暗い深みのどこにその名の起源があったのか、いまだにたどることができないままでいる。私はジョージを尊敬していたし、とても好きだった。しかし、しだいにアンジェリンのことも深く好きになった。今だって、彼女がもっていた美点をすべて兼ねそなえた人間の女性に、どこかで出会うことができるのではないかという希望をもって生きている。

アンジェリンとジョージは、人が望みうる、理想的な相思相愛の夫婦だった。私が知るかぎり、喧《けん》嘩《か》をしたことがないし、ほんの束の間留守にした後で交わしあう歓びさえ、明らかに嘘偽りのないものだった。互いにきわめて情愛深かったけれど、しかし、何とも残念なことに、オオカミの性生活や性行動についての詳細な記述のために確保しておいたノートの中の多くのページは、ジョージとアンジェリンに関するかぎり、最後まで空白のまま残っていた。

期待に反して、悲しいかな、つがいのオオカミの生活の中に肉体的な愛情交換が入りこんでくるのは早春、通常三月の二、三週間だけだということを私は発見した。処女の雌（みんな、二年目までは処女だ）は、その時期つがいになる。しかし、人間である飼い主たちの習慣をたくさん採用してきた犬と違い、オオカミの雌はただ一頭の雄としか関係を結ばないし、しかも、一生連れそう。

「死が二人を分かつまで」という台詞は、人間という種属の大多数にとっては、むしろ、結婚の取り決めの中で口にされるお楽しみの猿芝居というところだ。しかし、オオカミにとってはまぎれもない事実である。オオカミはまた、私個人はそれを必ずしも賞賛すべき特質だとは思わないのだが、厳格な一夫一婦制主義者である。まさしくそのことが、オオカミはふしだらに乱交すると勝手に考えてきた者たちの間に、オオカミを何か偽善的だとする世評を生み出してきたのだろう。

ジョージとアンジェリンがどれくらいの期間夫婦でいたのか、はっきりとはわからない。しかし、後にマイクから、彼らは少なくとも五年間、ということは、オオカミの寿命を人間の寿命に換算すると、およそ三十年に相当するくらい一緒にいたことがわかった。マイクやほかのイヌイットたちは、自分たちの土地にいるオオカミをそれぞれなじみの個体として認識しているし、マイクは違ったけれど、通常オオカミたちをきわめて高く評価している。したがって、オオカミを殺したり傷つけたりといった考えさえ抱こうとしなかった。ジョージやアンジェリンや、家族のほかのメンバーたちのこと、さらには彼らの巣穴は、四十年、五十年にわたって何世代ものオオカミがそこで家族を養ってきたことも、イヌイットたちには知られていた。

家族の構成に関して、最初はあるひとつの要素が非常に不可解だった。巣穴への最初の訪問の際、私は三頭のオオカミを目にしていた。また、巣穴の観察を始めた最初の数日間に、再び、何度かちらりと第三のオオカミの姿を見かけていた。大きな謎というのはそのことで、オオカミの世界に十分入りこんでいるわけではなかったので、しばらくの間私には、つがいの雄と雌と子どもの一群からなる満ち足りた家族という観念は受け入れることはできても、永続的な三角関係の明白な存在として第三のオオカミを説明することも、その考えを受け入れることもできなかった。

第三のオオカミが誰であれ、変わり者であることは間違いなさそうだ。灰色がかった白い毛並みで、ジョージより小さく、それほどしなやかそうでも強健そうでもない。子どもたちと一緒にいるのを最初に見たとき以来、私の中では「アルバートおじさん」ということになっていた。

寝ずの番を続けて六日目の朝のこと、明るく日が差す夜明けを迎えようとする時分、アンジェリンと子どもたちはよいお天気を楽しむことにした。まだ太陽がすっかり昇りきらない午前三時、みんなで揃って巣穴を離れ、近くの砂山に移動した。そこで子どもたちは、人間の女性なら確実にヒステリーを起こすほどの熱狂ぶりで母親に飛びついて行った。お腹は空っぽでも、いたずら心は耳をつんざくほどにあふれていた。そのうちの二頭は一生懸命アンジェリンのしっぽに齧《かじ》りつき、その毛が実際雪煙のように舞いあがるのが見えたと思うほどくわえてふりまわし、挑みかかっている。また別の二頭は、彼女の耳を食いちぎろうと懸命になっている。

アンジェリンは、一時間ほどは気高いストイシズムを発揮して耐えていた。それから、みじめなまでに毛並みを乱したまま、自分を守ろうとしっぽを巻きこんで座りこみ、ひどい目にあわされている頭を両足の間に抱えこんでしまった。無駄な努力だった。子どもたちは両側に一頭ずつ、今度は両足に取りついた。足としっぽと頭に、いっせいに食らいつく。死にもの狂いで攻撃しようとする野生の悪魔的な殺し屋たちの一大スペクタクルだった。

とうとう彼女は音をあげた。攻撃も限界を超え、子どもたちから飛び退くと、巣穴の後ろ側の高い砂山の頂に駆けあがった。四頭の子どもたちは、喜び勇んで転げるように追跡する。追いつきそうになったとき、彼女は何とも奇妙な叫び声をあげたのだ。

時の経過につれ、オオカミのコミュニケーションという問題全体が、ますます私を惑わせる。しかもこの時の私は、人間以外の動物に複雑なコミュニケーションなどあるはずがないという思い違いのもとで仕事をしていた。高音で切なそうなアンジェリンの鼻声がかった吠《ほ》え声に、私はどんなはっきりした意味を見いだしたわけでもない。しかしながら、彼女に対する同情の念を催させる、物悲しい声音を感じとっていたことは確かだ。

私だけではなかった。心の叫びから数秒も経たないうちに、暴徒と化した子どもたちがまさに彼女に迫ろうとする間際、救世主が現われた。

第三のオオカミだった。傾斜して入り江の水中に没しているエスカーの南端の砂の窪地で寝ていたのだ。頭をつき出すのを目にするまで、私は彼がそこにいるのに気づかなかった。飛び起きてからだをブルッと振り、まっすぐ早足で巣穴の方にやって来ると、母親に追いつこうとして最後の斜面をよじ登ろうと身構えていた子どもたちの前に立ちふさがった。

あっけにとられて見ていると、彼は肩で先頭の子どもをひっくり返し、巣穴がある斜面の下まで滑り落としてしまった。攻撃をかわしながら、今度は別の子の太ったお尻を軽く嚙む。それから、後に遊び場であることが判明した場所へ、子どもたちを追いこんでしまった。

オオカミの口調に人間の言葉をあてはめることには、ためらいを感じる。しかし、その行動に続く言葉は、水晶のようにはっきりしていた。「さあ、チビ助たち、やりたいんなら、私が相手だ」。そう言ったのだろう。

そして、その通りだった。それから数時間、彼はまるで自分まで子どもになったかのように精力的に子どもたちと遊んだ。遊びはいろいろで、しかし、たいていはとてもよくわかる。鬼ごっこの番になると、アルバートがいつも「鬼」だった。跳ねまわり、転げ、子どもたちの間を縫いながら、決して子ども部屋の小山から外にはみ出さない。同時に、子どもたちを追いかけっこに導いて、とうとう音をあげさせてしまった。

一瞬子どもたちを眺めわたし、それからアンジェリンがゆっくりくつろいで横になっている頂に素早い視線を送ってから、くたびれた子どもたちの中に飛びこんで仰向けに横になり、子どもたちを誘っている。今度は格闘技だ。一頭ずつ立ちあがり、取っ組みあう。この時は本気で、手加減などしない。ともかく、子どもたちの方は。

ある子どもは、アルバートの息の根を止めようとしている。もっとも、鋭い歯とはいってもまだまだ小さくて、分厚いひだ襟の下を貫くことはできない。子どものサディズムが高じていき、中の一頭はお尻を向けるや後ろ足でおじさんの顔めがけて砂の雨をまき散らした。中には、湾曲した足で跳びあがれるだけ思いきり空中に飛びあがると、無防備なアルバートのお腹めがけて飛び下りるやつもいる。ジャンプのあいまには、手あたりしだいに弱い部分に噛みついて、やっつけようとしている。

どこまで耐えられるのだろうと、不思議になりはじめた。じつに我慢強いことは確かだ。子どもたちがすっかりくたびれはて、倒れて完全に眠りこけてしまってから初めて彼は立ちあがり、足を投げ出したチビたちを踏んづけないよう気をつけて、自由になった。それからも、彼は居心地のいい自分の寝床には戻らず（疑いなく、きつい猟を終えて休んでいたところなのに）、子ども部屋の砂山の頂に身をおくと、オオカミ式昼寝を始めた。しかしその間も、数分ごとに子どもたちに素早い視線を送っては、みんながそこで安全にしているかどうか確かめている。

ほかの家族たちと彼との関係は、依然わからなかった。しかし、私が見るかぎり、彼は「やさしいアルバートおじさん」だったし、これからだってそうだろう。

10 野ネズミとオオカミ

調査も何週間かが過ぎ、私は依然オオカミはどうやって命をつないでいくのか、肝腎の問題の解決からはほど遠いことを感じていた。これは、きわめて重大な問題だ。何しろ、私の雇い主の満足がいくような形でそれを解くことこそ、この遠征の目的なのだ。

カリブーは、北極圏のバーレン・ランドで目にすることのできる唯一の大型草食動物である。昔はかつての平原バッファローと同じくらい無数にいたのだが、私がバーレンへ旅立つまでの三、四十年の間に壊滅的に数を減らしていた。政府関係者が猟師、罠猟師、交易商人らから得た証拠は、カリブー絶滅への一本道は、主にオオカミによる破壊行為が原因であることを証明しているように思われた。したがって、私を雇った政治家兼業科学者たちは、バーレンにおけるオオカミ―カリブー関係の調査研究によって、どこであれ見つけしだいただちにオオカミを地獄に落としてしまうために必要な、議論の余地のない明らかな証拠と、広範なオオカミ撲滅キャンペーンを展開するに足る十二分な口実を得ることこそ、賢明かつ無難なやり方であると思っていたに違いない。

　私は自分の任務を懸命に遂行した。しかし、いくら探しても、上司を喜ばせるような証拠を何ひとつ見つけていなかった。見つけ出せそうにもなかった。

　六月の末を迎え、夏を過ごすはるか四、五百キロも北のバーレンを目指して移動するカリブーの最後の群れがオオカミハウス湾を通り過ぎて行った。

　これからの長い何か月間か、何を食べるにせよ、また、お腹をすかせた子どもたちに何を食べさせるにせよ、オオカミが食べるのはカリブーではありえない。カリブーは行ってしまって、もうここにはいない。しかし、カリブーでないとしたら、一体何だろう。

　考えつくかぎりの可能性を徹底的に考えてみた。しかし、三頭のおとなと四頭の子どもの食欲を十分満足させる食料源などありそうになかった。私自身以外（そんな考えが何度か浮かんできた）、オオカミの餌食になりそうな動物は、この土地にはほとんど残っていないのだ。ホッキョクウサギはいる。しかし、きわめて稀にしかいないし、足が速く、よほど運が良くなければオオカミには捕まえることなどできない。ライチョウやほかの鳥ならたくさんいる。しかし、鳥たちは飛べて、オオカミは飛べない。イワナやホッキョクカワヒメマスやホワイトフィッシュは湖や河にあふれている。しかし、オオカミはカワウソではない。

時は経ち、日に日に謎は深まった。問題をますます不可解にしたのは、オオカミは随分きちんと食べているらしいことだった。しかも、私を困惑させ、狂気に追いこもうとでもするかのように、二頭の雄のオオカミは毎晩猟に行き、毎朝戻ってくる。それなのに、決して何かを持ち帰っているようには見えない。

どう見ても、彼らはみな空気と水を食べて生きているみたいだとしか言いようがない。ある時など、彼らの健康が気がかりになった私は小屋にとって返し、パンを五つほど焼いてウルフハウス湾に持ち帰った。狩猟道のそばにおいておいたのに、贈り物は拒絶されてしまった。嘲笑されさえした。それを発見したアルバートは、単に私が立てた何やら新しい境界標識と考え、いつもと同じくそれ相応に振る舞っただけだった。

この頃、私は野ネズミに悩まされはじめていた。広大に広がる多孔質のミズゴケが、できあいの苔のマットレスの中に喜んで穴を掘り巣を作る、さまざまな小型齧歯《げっし》類に理想的な環境を提供していたのだ。

彼らは、家づくりのほかにもすることがあって、きっと頻繁にそれを行なっていたに違いない。六月から七月にかけ、辺りは小さな齧歯類であふれているように見えた。一番たくさんいたのはレミング類だった。書物の中で広く世に知られた自殺本能で有名だが、実際賞賛されるべきなのは、その信じられない繁殖能力の方だ。ヤチネズミやハタネズミが大量にマイクの小屋を侵略しはじめ、私の食料に対する彼らの食欲を阻止しなければ、私の方が飢えてしまいそうだ。オオカミと違い、彼らは、私のパンを嘲笑ったりしない。寝床だってそうだ。ある朝目覚めると、ハタネズミが寝袋の枕の中に十一匹の裸の赤ん坊を産んでいて、古代エジプトの王ファラオがイスラエルの民の神を敵にまわしたときどう感じたのか、私にもわかるような気がした〔ファラオは古代エジプトの君主の称号。モーゼが生まれた頃、ヘブライ人の増加を恐れたファラオは、ヘブライ人の新生児の殺害を命じていた〕。

　オオカミに関する噂と身体能力に見あう獲物が明らかにいない状況でなお、オオカミたちが健康を保っていることを説明するのにそれほど長い時間がかかったのは、ひとえに、オオカミについて叩きこまれた先入観があまりに完璧で、しかも驚くほど不正確だったせいだと思う。オオカミがネズミを食べるばかりか、実際それを常食とし、子どもたちを育てているという思いつきは、神秘的なオオカミの性格にはあまりにも不似合いで、考えるだけでもばかげていた。しかし、それにもかかわらず、これこそが、オオカミはいかにして食料部屋をいっぱいにしているのかという問いに対する答えだったのだ。

　アンジェリンが、そのことをこっそり教えてくれた。

　ある日の午後遅く、雄のオオカミたちがまだ夜の仕事にそなえて休んでいた頃、アンジェリンが巣穴から出てきてアルバートおじさんを鼻でついた。彼はあくびをし、からだを伸ばし、面倒くさそうに立ちあがった。それからアンジェリンは、アルバートに子どもたちの相手をまかせると、急ぎ足で巣穴の場所を離れ、一面に広がる草のような苔を横切って私の方にやって来た。

このこと自体は、ことさら新しいことではない。それまでにも何度か彼女がアルバートを徴用して(たまには、ジョージのこともあった)ベビーシッターをまかせ、湾に水を飲みに下りて行ったり、からだを伸ばすため散歩に出かけたり(これは私の思い違いだった)するのを目にしていた。通常のコースでは、私のテントから一番遠い湾の反対側まで行き、低い砂礫《されき》の頂の背後に姿を消してしまう。しかし今回は、私の方にやって来たので姿が全部見える。私は双眼鏡をとって彼女を観察しつづけた。

彼女はまっすぐ岸辺の岩場に行き、肩の辺りまで氷のように冷たい水の中に入りこむと、長々と水を飲んでいた。そうしている間、コオリガモの小さな群れが湾のその辺りを飛びまわり、彼女からわずか百メートルほどのところで水に飛びこんだ。彼女は頭をあげ、しばらく何か考えているようにそれを眺めている。それからまた浜辺に戻り着くと、突然、発狂したかのように振る舞いはじめた。

子どものようなキャンキャン声をあげ、しっぽを追いかけはじめる。岩場にひっくり返り、ごろごろ転げまわる。仰向けになり、四本の足を猛烈にふりあげる。まったくのところ、すっかり正気を失ってしまったかのようだ。

私はギャーギャー騒がしい子どもたちの中に座っているアルバートに双眼鏡を戻し、彼もこの羽目をはずした見せ物を見ているのかどうか、もしも見ているなら反応はどんなものか探ってみた。確かに見ている。実際興味深そうに見ているが、しかし、驚いているような気配はちっともない。

もうこの時にはアンジェリンは狂乱の発作のただなかで、空中に飛びあがっては空しく宙を嚙み、甲高い悲鳴をあげつづけていた。何とも恐れいった光景だ。と、その時、魅了されていたのは私とアルバートだけではないのに気がついた。カモたちも、好奇心を刺激され、催眠術にかかったように見える。あまりに興味深かったのか、浜辺のお化けをもっと近くで見ようと泳いできた。少しずつ近づくにつれて首が長くなり、仲間どうし信じられないとでもいうようにガーガーおしゃべりを交わしている。カモたちが近づけば近づくほど、アンジェリンの行動は気違いじみてくる。

先頭のカモが岸辺から五メートルもないところまでやって来たとき、アンジェリンがそちらに向かって大きく跳躍した。大きな水しぶきがあがり、恐怖にかられて羽がばたばた打ち鳴らされ、それからカモたちはみんな空中に飛び去った。アンジェリンは、ほんの数センチのところで夕食を取り逃がした。

それは、人間には及びもつかない、ひたすらオオカミだけに可能な食料獲得の多才さを示す刮目《かつもく》すべき出来事だった。とはいえ、アンジェリンはすぐに、カモを魅了しようとしたことなどほんのついでの横道であることを見せてくれた。

一瞬青い水滴の霧の中に隠れてしまうかというほどからだを猛烈に振るって乾かすと、彼女は、草の生え茂った湿地帯をゆっくり引き返した。しかし、今回の動きは、浜辺に向かうため湿地帯を横切ったときとはまったく違っている。

元来アンジェリンはからだつきがほっそりして、からだを伸ばすと文字通りつま先で歩いているように見えるし、ラクダのように首をあげると数センチ背が高くなったように見える。彼女は、風上に向かって、湿地をごくごくゆっくりと移動しはじめた。両耳はどんな小さな物音も聞き漏らすまいという印象で、どんなかすかな匂いも嗅ぎ分けようと鼻にしわを寄せている。

突然彼女は飛びかかった。乗り手をふり落とそうとする馬のように後ろ足で立ちあがり、前方に飛び出し、前足をからだの前に堅く身構えて力いっぱい地面に叩きつけたのだ。素早く頭を下げ、ひと齧りして何かを呑みこんだ。それからまた、もとの風変わりな気取ったバレエに舞い戻り、再び同じように湿地帯を横切って行く。十分間に六回、彼女は足をまっすぐ伸ばして飛びかかり、六回呑みこんだ。何を食べたのか、ちらりとも見えなかった。七回目、彼女は何かをつかみそこね、ぐるぐる回転し、もつれあうワタスゲを逆上したように噛みはじめた。彼女が頭をあげると、今度は見まごうことなく、顎の下で震えるネズミのしっぽとからだの後ろ四半分が覗いていた。ごくりとひと呑みすると、それもまた消えた。

この大陸に棲む最強の肉食獣がネズミを狩るという見せ物を大いに楽しんでも、私はそれを本当に真剣に受けとろうとはしなかった。単に楽しんでいるにすぎないと思っていたからだ。しかし、彼女が二十三匹目のネズミを食べてしまった頃、不思議に思いはじめた。ネズミは小さい。しかし、二十三匹となれば、オオカミにとってもかなりの量の肉になる。

明らかな事実をようやく受け入れられたのは、それから後、二と二を足せば四になるという明らかな事実を確かめてからのことだった。ウルフハウス湾のオオカミたち、さらには、少なくとも彼らの例から推論するにバーレン・ランドのカリブー生息地の外側で家族を養っているすべてのオオカミたちは、全面的にとはいえないにしても、ほとんどネズミで命をつないでいる。

ただ一点不明だったのは、捕まえたネズミを（一晩中では膨大な数にのぼるに違いない）どうやって巣穴に持ち帰って子どもたちに食べさせるのかということだった。私は、マイクの親族たちに会うときまで、この問題の答えを見つけることができなかった。親戚の一人にオーテクという名の魅力的な奴がいて、私と親しくなった。しかるべき訓練を受けていないにもかかわらず第一級のナチュラリストである。彼が、その神秘を説明してくれた。

オオカミは、ネズミを背中に担いだり抱えたりして持ち帰ることができない。そうである以上、彼らは次善の策としてお腹につめて持ち帰る、というわけだ。ジョージもアルバートも、猟から戻るとまっすぐ巣穴に行き、そこに潜りこむことには私も気づいていた。その時は何とも思わなかったのだが、彼らは一日分の食べ物を、しかも、すでに半分消化されたものを吐き出していたのだ。

夏の終わり、子どもたちがエスカーにある巣穴を離れてしまった後、私は何度か、おとなのオオカミが彼らのために餌を吐き出すのを目撃した。彼らが何をしているのか、もしも私が聞いていなかったとしたら、おそらくその行為の意味を取り違え、オオカミがどうやって捕獲したものを持ち帰るのかまったくわからずじまいだっただろう。

ネズミがオオカミの主食だという発見は、ネズミそのものへの新しい興味をかき立ててくれた。私はすぐ、ネズミ調査に取りかかった。準備段階の作業は、ネズミの性、年齢、密度、種別の個体数に関する代表サンプルを得るため、近くの沼沢地の一画に百五十ほどのネズミ捕りを仕掛けることだった。私がテントからあまり遠くない沼沢地を選んだのは、その場所がオオカミが狩りをする沼沢地の典型的な場所であることに加え、近くであれば罠を頻繁に仕掛けることも容易だろうと考えたからだ。しかし、この選択は間違いだった。罠を仕掛けて二日目、ジョージがたまたまそこにやって来たのだ。

ジョージがやって来るのを目にしても、そんな時どうするのかという手はずを決めていなかった。私たちは依然相互の境界線を几帳面に遵守していたので、彼を方向転換させるために自分の境界の外へ飛び出す気にはなれない。一方、私がもし彼らの領地を侵犯していたことをジョージが発見したらどんな反応を示すか、見当がつかない。

沼地の端まで来ると、彼はしばらく匂いを嗅ぎまわった。それから、疑い深そうな目を私の方に向けた。明らかに彼は、私がそこを横切ったことに気づいている。しかし、なぜそうしたのかは理解しがたいみたいだ。猟をするというようすでもなしに、彼は沼地の端のワタスゲの間を歩きはじめた。

恐ろしいことに、レミングのコロニー近くに十個まとめて仕掛けた罠の方角にまっすぐ進んで行く。何が起ころうとしているのか、情景が一瞬のうちにひらめいて、思わず私は飛びあがり、大声で叫んでいた。

「ジョージ！　待て、止まるんだ！」

遅かった。私の叫びは彼をびっくりさせただけで、彼は突然駆け出すと水平に十歩進み、それから、天に向かって見えない梯子《はしご》を登りはじめた。

しばらく後、ようすを見に行ってみると、そこにある十個の罠のうち六個がヒットしていた。もちろん、大した傷を負わせてはいないだろう。しかし、見知らぬ敵対者に何か所も同時に足先を挟まれたショックと痛みは相当なものであったに違いない。私が彼を知ってから初めて、そして後にも先にもその一回だけ、ジョージは威厳を失った。しっぽをドアに挟まれた犬のような悲鳴をあげ、ネズミ捕りを紙吹雪のようにまき散らしながら矢のように逃げ帰ったのだ。

この件で、私は誠に申し訳ない気持ちだった。私たちの関係にも、深刻な亀裂が生じかねなかった。そうならなかったのは、ひとえにジョージのユーモアのセンスのおかげとしか言いようがない。彼の豊かなユーモア感覚がその事件を、粗野で想像力に欠けた冗談として受けとってくれたのだと思う。人間ならやりそうなことだ、という具合に。

11　野ネズミのクリーム煮

オオカミの夏の主食が野ネズミであることが判明しても、オオカミの食物に関する私の研究に結論が出たわけではない。そうしたネズミとオオカミの関係は科学にとって革命的である以上、正当性を疑う余地がないほど完全に実証しないかぎり疑いの目で見られる。あるいは、おそらく嘲笑されさえすることはわかっている。

私はすでに、二つの主要な点を確認していた。

第一点　オオカミは、野ネズミを捕まえて食べる。

第二点　小型齧歯類は、オオカミ個体群を維持するに足るだけ多数生息する。

しかしなお、私の論点を証明するための決定的な第三の点が残っていた。ネズミの栄養価に関わる点である。小型齧歯類を食べることで大型肉食動物が体を良好な状態に維持できることを証明するのは、いやでも避けられない。

これが簡単な仕事でないことはわかっていた。きちんと管理された対照実験が不可欠で、しかしオオカミを必要な実験管理下におくことなどできない以上、どうしたらよいか途方に暮れてしまった。マイクが近所にいてくれたら、ハスキー犬を二頭借り、一頭にはネズミだけ、もう一頭にはカリブーの肉（カリブーの肉が入手可能になったらだが）を与え、両方に似たようなテストをしてみれば、オオカミ―ネズミ関係の議論の正当性を肯定あるいは否定する証拠を挙げることができるだろう。しかし、マイクは立ち去ってしまったままで、いつ帰ってくるやら、まったくわからない。

何日間かあれこれ問題を思案し、ある朝、レミングとハタネズミの標本を作っていてうまい考えが浮かんだ。人間は完全な肉食とはいえない。しかし、私自身が実験台になってはいけないという確かな理由も見あたらない。私が一人しかいないのは事実である。しかし、そのことで生じる問題は、実験期間を二つに分けることで解決する。第一の期間はネズミの食事だけにして、同じ長さの第二の期間は缶詰の肉や新鮮な魚を食べる。それぞれの期間の最後に一連の生理学的検査を行ない、最終的に二つの結果を比較する。オオカミに関するかぎり絶対的な結論は出ないけれど、私の代謝機能がネズミ食のもとで損なわれなかったという証拠は、オオカミもまた同じ食料によって正常に機能し生存できることを強く指し示すことになるだろう。

今ほど好都合な時期はないだろうから、さっそく実験に取りかかった。朝のうちに皮を剝《む》いて用意した洗面器いっぱいの小さなネズミの死体を洗い、鍋に入れ、携帯用石油ストーブにのせる。水が沸騰するにつれ、鍋からは何ともいえずおいしそうな香りが漂い、シチューができあがる頃にはすっかりお腹がすいていた。

小さな哺乳《ほにゅう》類を食べるのは、最初のうちはたくさん微細な骨があって厄介だった。しかし、骨は大した苦労もなく噛んで呑みこめることがわかった。野ネズミの味（これは純然たる主観的要素であり、実験とは少しも関係ない）は幾分淡白だが、なかなか結構なものだ。実験が進むにつれ、この淡白さにも飽きてきて、その結果食欲が減退し、いろいろな調理法を試さないではいられなかった。

私がその後開発したいくつかの調理法の中で、今までのところ最も気に入っているのは野ネズミのクリーム煮だ。読者の中にも従来見過ごされてきたすばらしい動物性タンパク源の利用に興味を抱く方もおありかもしれないから、レシピを公開しておくことにしよう。

《野ネズミのクリーム煮》

材料

太った野ネズミ　一ダース

小麦粉　一カップ

アザラシなど海獣の腹身　一切れ
塩、コショウ、クローブ、エチルアルコール
（海獣の腹身は、普通北極圏でしか手に入らない。これは、通常の塩漬け豚肉で代用できることを記しておくべきだろう）

頭をつけたまま、ネズミの皮と内臓を取り除く。水洗いして鍋に並べ、死体を浸すほどエチルアルコールを入れる。約二時間、そのまま浸けておく。海獣の腹身を小さなサイコロ状に切り、脂肪分がほとんど出るまでゆっくり炒める。ネズミの死体をアルコールから取り出し、塩、コショウ、小麦粉を混ぜあわせたものにまぶし、フライパンに並べて約五分間焼く。フライパンが熱くなりすぎないように注意。さもないと、柔らかい肉が乾燥し、固く、パサパサになってしまう。さて、これにカップ一杯のアルコールと、六個か八個のクローブを加える。ふたをして十五分、ゆっくり、とろ火で煮こむ。標準的なレシピに従ってクリームソースを作る。ソースができあがったら、死体をそれに浸け、ふたをして、食卓に出すまで十分間ほど冷めないようにしておく。

ネズミ食をとりはじめて最初の一週間、体力が損なわれることはなかったし、どんな病気の徴候も

見られなかった。しかしながら、はっきりと、脂っこいものが食べたくてしようがなくなりはじめた。ひとつ見落とした点があって、自分自身の実験、少なくともその時点までの実験が一部無効になってしまうことに気づいたのは、そのおかげだ。さらにそれは、自分が受けた科学的訓練もたいしたものではないことに気づかせてくれた。というのは、オオカミはネズミを丸ごと食べるという点を考慮に入れなければいけなかったのだ。解剖の結果、これら小型の齧歯類の場合、ほとんどの脂肪分は、皮下組織や筋肉繊維より腸間膜に付着した腹腔《ふくこう》の中に蓄えられていることがわかっている。したがって、それまでの実験は申し開きできない誤りで、私は急いで訂正した。この時から実験の最後まで、私もネズミを丸ごと全部食べた。もちろん、皮は除いてだ。それ以来、脂肪分への欲求は目立ってやわらいだ。

マイクが小屋に戻ってきたのは、私のネズミ食実験が最後にさしかかる頃だった。彼は自分の従兄弟、オーテクという名のイヌイットの青年を一緒に連れてきた。その彼は私の飲み友達になり、オオカミ研究に欠かせない存在になっていく。しかし、初めて会ったとき、彼は、マイクが最初そうであったし、じつを言っていまだにそうであるのと同様、なかなか打ち解けず、近づきにくそうだった。

私は、備品の追加のため小屋に戻り、煙突から煙が出ているのを見て喝采《かっさい》したい気分になった。というのも、正直、しきりに人間の仲間がほしいと思うようになっていたからだ。小屋に入っていくと、マイクは鍋一杯のシカ肉のステーキを焼いているところで、オーテクがそれを見ていた。北へ百キロほどのところで、彼らは運よく群れからはぐれたカリブーを捕まえたのだ。数分の間はどこかぎこちなく、マイクは私の存在を何とか無視したいと思っているようすだった。私がどうにか氷の壁を打ち砕いて自己紹介をするに及んでも、オーテクの反応といえば、テーブルの反対側までからだをずらし、できるだけ私との間に距離をとろうとするだけだ。それから、二人は腰を下ろして食事に取りかかり、マイクはとうとう私にも焼いたステーキを勧めてくれた。

喜んで食べたいところだ。しかし私は依然実験を継続中だったので、断らなければならなかった。まず、そのことをマイクに説明した。彼は、イヌイットの祖先たちから受け継ぐ謎のような沈黙で私の言い訳を受け入れ、私の説明をオーテクに明確に伝えたようだった。私の考えと私自身をどのように受けとったのか、オーテクは典型的にイヌイット的なやり方で反応した。夜遅く観察テントに戻ろうと私が小屋を出ると、彼が待っていた。恥ずかしそうな、しかし魅力的な微笑を浮かべながら、シカ皮で包んだ小さな包みを差し出している。動物の腱で作った紐《ひも》を丁寧にほどいて贈り物を見ると(贈り物のようだったのだ)、五つの小さな青い卵が入っていた。疑いなくツグミ類の卵だが、はっきりした種類は特定できない。

嬉しいけれど、贈り物が何を意味しているのかわからなかった。そこで私は、また小屋に戻ってマイクに尋ねてみた。

「イヌイットは、男がネズミを食べると、あそこがネズミみたいに小さくなってしまうと考えるのさ」。彼は、気のりしないふうに教えてくれた。「しかし、卵を食べると、またもとに戻る。オーテクは、お前のことが心配になったんだろう」

十分な証拠がないから、これが単なる迷信なのかはどうか知るよしもない。しかし、用心するにこしたことはない。卵を全部合わせても三十グラムにならないから、私のネズミ実験の正当性を損なうことはないと理屈をつけ、私はそれをフライパンに割り入れて簡単なオムレツを作った。巣づくりの季節が盛りを迎えていて、だから卵があったわけだ。どちらにしても食べるのだし、オーテクがじっと見ていることでもあり、私はいかにもおいしそうに食べてみせた。

嬉しそうな、ほっとしたような表情が、幅の広い、笑みを浮かべているイヌイットの顔中に広がった。おそらく彼は、死よりも忌わしい運命から私を救ったと確信していたことだろう。

私は、マイクには、自分の科学調査の重要性や意味を何とかわからせようとしてもできなかった。しかし、オーテクの場合、そんな苦労はなかった。というのか、中身を理解していたのかいないのか、最初から、それが確かに重要であるという私の確信は共有してくれているように見えた、というべきかもしれない。ずっと後になって私は、オーテクが彼の部族の小シャーマン、つまり、呪術師であるということを知った。そして、また彼は、マイクから聞いた話や自分自身の目で見たことから、私もまた、何やら自分の知らないタイプのシャーマンであるに違いないと考えていたことを発見した。彼の観点からすると、そう仮定すれば、それ以外には説明できないような私の行動をほとんどすべて説明することができるし、さらに、そんな利己的な動機を想定することには躊躇《ちゅうちょ》を感じるけれど、私と一緒にいれば、自分の職業である秘義的な実践の知識を広げることができるかもしれないと考えたのだとしても理解できる。

いずれにせよオーテクは、私と一緒にいる決心をし、翌日には、自分の寝間着持参で私のオオカミ観察のテントに姿を現わした。明らかに、長逗留のつもりでいる。彼が足手まといな厄介者になるのではという私の恐れは、すぐに溶けて消えた。オーテクはマイクからいくつかの英語の単語を習っていて、飲みこみはすばらしく、すぐに基本的なコミュニケーションを確立することができた。私がひたすらオオカミ研究に打ちこんでいることがわかっても、彼はまったく驚かない。それどころか、自分もまたオオカミに対して強い関心を抱いているということを伝えてくれた。その理由のひとつは、アマロック、すなわちオオカミの霊が彼の個人的なトーテム、すなわち守護霊であったからだ。

オーテクはこのうえない助けになることがわかった。彼は、本に書かれているような、われわれの社会に受け入れられているオオカミに関する誤った考えをまったくもっていなかった。事実彼はオオカミと親しい間柄で、本当の親族と見なしていた。後に私が彼らの言葉をいくらか習い、私に対する彼の評価が向上したとき、彼はこんな話をしてくれた。彼が五歳の頃、名のあるシャーマンだった父親の手でオオカミの巣穴に連れて行かれ、二十四時間そこにおき去りにされたことがあった。その時彼は、オオカミの子どもたちと仲良しになり、まったく対等の立場で一緒に遊んだ。おとなのオオカミに匂いを嗅がれたことはあったけれど、それ以外痛めつけられることもなかったそうだ。

オオカミについて彼がしてくれた話には、ほかにどんな証拠もない。それを全部鵜呑みにしたら、非科学的であるという誹《そし》りは免れないだろう。しかし、何らかの証拠が手に入ったときには常に、彼の話が正しいことが判明した。

12 オオカミの霊

オーテクが私を受け入れてくれたことで、マイクの態度にもいい変化が現われた。しかし、依然として、私は頭がいかれていて、しっかり見張っていなければ危険だという根深い疑いは捨てていない。それでも、無口な性格なりに打ち解けてもきたし、協力もしてくれた。これは、ありがたかった。オーテクと私の間の通訳として、彼に助けてもらえる。

オーテクは、オオカミの食習慣に関する私の知識に多くのものをつけ加えてくれた。オオカミの食生活の中で野ネズミが演じている役割についての私の発見を確証してくれたうえ、オオカミは大量のジリスも食べるし、時にはカリブーよりそちらを好むようだとも教えてくれた。

ジリスは、北極圏のほとんどの地域に豊富に分布している。ただし、オオカミハウス湾は、その分布地域からほんのわずか南にずれている。北極圏のジリスは西部平原に生息する通常のジリスに近い種《しゅ》だが、西部平原のジリスとは違い、自衛本能がきわめて弱い。その結果、簡単にオオカミやキツネの餌食になってしまう。たくさん食べて太る夏には重さが一キロ近くにもなり、カリブー狩りに必要なエネルギー消費のほんの何分の一かで立派な食事ができるのだから、オオカミはしばしばジリスを殺す。

私は、オオカミの食事の中に魚が大量に取り入れられることはあるまいと予想していたが、オーテクはそれが間違いであることを教えてくれた。彼は、何度かオオカミがジャックフィッシュやノーザンパイク〔ともにカワカマス科の魚〕を捕まえているのを目撃したという。春の産卵期になると、これら大型の魚は時には重さが二十キロにもなり、湖岸沿いに広がる沼沢地の入り組んだ細い水路の網の目に侵入してくる。

魚を捕まえることにすると、オオカミは大きな水路に飛びこみ、猛烈な水しぶきをあげながら水路を上手に向かって歩き、ノーザンパイクをしだいに狭くて浅い水路の方に追いこんでいく。とうとう危険に気づき、魚は向きを変え、広い水路の方に向かって突進する。しかし、オオカミが立ちふさがり、大きな顎で素早く一撃を加えると、最大級のパイクの背骨ですら砕かれてしまう。ある時など、一時間もしないうちにオオカミが七匹もの大きなパイクを捕らえるのを見たと話してくれた。

オオカミはまた、サッカー〔コイに似た北アメリカ産の淡水魚の総称〕のような、動きの鈍い魚が産卵のためツンドラの流れを遡ってくるときにも捕まえるという。この場合オオカミは、流れの浅瀬の岩にうずくまり、サッカーが横を通り過ぎるとき引っ掻くようにして捕まえる。ちょうど、クマがサケを獲るときのやり方に似た方法だ。

そのほか、わずかながら食料源になっている魚には、浅瀬の岩の下に潜んでいる小さなホッキョクカジカがいる。オオカミは岸辺沿いに水の中を歩き、前足や鼻面で石をひっくり返しては、姿を現わしたカジカが逃げ出すところをぴしゃりと叩きつけて捕まえる。

夏の終わり、私はアルバートおじさんが漁をしながら午後のひと時を過ごしているのを見ていて、カジカ漁についてのオーテクの話への確信を得ることができた。残念ながら、オオカミがパイクを捕まえるのは目にしたことがない。しかし、オーテクから聞いたオオカミのやり方を自分で試してみたところ、大成功だった。話に聞いたオオカミの行動をすべてそのまま真似てみたのだ。ただし、とどめの一撃を加えるのに、私は自分の歯ではなく短いヤスを使った。

オオカミの特徴にさまざまな光をあてるこうした情報に、私は魅了された。しかし、本当に目を開かれたのは、オオカミの生活の中でカリブーが果たしている役割についての議論にいたったときだった。

オオカミとカリブーは密接な関係にある。オーテクは、そう言った。だから両者は、ほとんど一体といっていい。自分の言いたいことを説明するために、彼は、どこか旧約聖書の物語を思わせる話をしてくれた。マイクが補足して教えてくれるには、それは内陸イヌイットに伝わる半ば宗教的な民話の一部だった。彼らは依然、不死の魂をそなえた幸福な異教徒たちなのだ。

オーテクの物語を要約しておこう。

初めに女と男がいて、ほかには、歩いているものも、泳いでいるものも、飛んでいるものも、世界にはいなかった。ある日、女が地面に大きな穴を掘り、そこで釣りを始めた。一匹ずつ、女はすべての動物を釣りあげ、最後に穴から出てきたのはカリブーだった。天の神であるカイラは女に、カリブーはすべての中で最も偉大な贈り物だ、なぜならカリブーは人間の食べ物となるからだ、と告げた。女はカリブーを解き放ち、行って地に満ちよと命じた。カリブーは女の言った通りにし、ほどなく大地はカリブーであふれた。女の息子たちは、首尾よく狩りをすることができたし、食べ物、衣服、住むための上等な毛皮のテント、すべてをカリブーから手に入れた。

女の息子たちは、大きく、太ったカリブーだけを狩った。というのは、弱いもの、小さいもの、病気のものはいい食料にならないし毛皮も上等ではなかったから、狩りたいと思わなかったのだ。しばらくして、病気や小さいカリブーの方が、太って強いものより多くなった。そのことにうろたえ、息子たちは女のところに泣きついた。

そこで女は魔法を使い、カイラに話しかけた。あなたの働きぶりはよくない。カリブーは弱くなるし、病気になる。それを食べたら、私たちも弱く、病気になるに違いない。

カイラはそれを聞いて、こういった。私の働きぶりはよい。私は、オオカミの霊アマロックに告げ、彼からさらにその子どもたちに告げさせよう。病気で、弱く、小さいカリブーだけ食べるように。そうすれば、大地には、太った、よいカリブーだけが残るだろう。

そして、そうなった。これが、オオカミとカリブーはなぜ一体なのかという理由だ。カリブーはオオカミに食料を与える。しかし、カリブーを強く保っているのはオオカミなのだ。

私は、この物語にいささか唖然《あぜん》としてしまった。というのも、私の方にはまだ、たとえ寓話という形をとったにせよ、文字をもたず教育を受けたこともないイヌイットから、自然淘汰の働きを通して適者生存が実現するという理論を示す講義をしてもらっても、それを受け入れる用意が整っていなかったからだ。

いずれにせよ私は、オーテクが自明のこととしているカリブーとオオカミの間の幸せな関係には懐疑的だった。すでに自分自身の経験から、科学の世界に流布するオオカミに関して信じられている多くの事柄の誤りを解いてはいた。とはいえ、強力で知的なオオカミがカリブーの群れから獲物を選ぶときに、最も太っていて肉汁も多そうな個体を手に入れることができるにもかかわらず、病気で虚弱な相手を選択することに限定するなどということは、ほとんど信じられなかった。そのうえ私には、オーテクの主張を粉砕するに足るすばらしい弾薬があった。

「じゃあ、彼に聞いてみてくれ」。私は、マイクに言った。「一体、なぜこんなにたくさん、小屋のまわりゃ、ここから北へ何キロも、ツンドラのいたる所に、大きくて、明らかに健康なカリブーの骨が散らばっているんだ」

「そんなことなら、彼に聞く必要なんかない」。平然とした顔で、マイクがあっさり答えた。「シカを殺したのは俺だ。十四頭の犬に食わせるとなると、一週間に二頭や三頭は必要だ。自分の分だってている。罠場中、どこへ行ったってたくさん殺す。一頭のカリブー当たり四個か五個の罠を仕掛けるから、餌をあさりに来るキツネだってたくさん捕まる。やせたカリブーを撃ったところで俺には何の役にも立たない。捕まえなきゃならないのは、大きくて太ったやつだ」

私は呆然《ぼうぜん》としてしまった。「一体、一年でどれくらい殺すんだ」

私が尋ねると、マイクは誇らし気に、にやりと笑った。「俺は、べらぼうに射撃がうまい。殺すのは、多分二百か三百、それ以上かもしれない」

茫然自失の状態から幾分立ち直ってから、それは罠猟師にとって普通のことなのかどうか尋ねてみた。

「罠猟師なら誰でも同じだ。インディアンでも、白人でも、冬場にカリブーが下って行く南のはしっこまで、みんなたくさん殺す。そうでなきゃ、罠猟なんて成り立たない。もちろん、いつでも十分のカリブーを捕まえられるほど運がいいとは限らない。そうなりゃ、犬には魚を食わせなきゃならない。しかし、犬たちは、魚じゃちゃんと働けない。弱くなって、病気になり、荷物を引っ張ることができなくなる。カリブーの方がいい」

オタワで目にした資料から、サスカチュワン、マニトバ、キーワティン地方のカリブーの群れが冬を過ごす南部キーワティン地域に、千八百人の罠猟師がいることを私は知っていた。また、キーワティンのカリブーの群れが激減していることを説明するための参考情報を集めるため、毛皮交易会社の代理人を通してオタワ政府がたくさんの罠猟師に対する聞きとり調査を実施していることも知っていた。調査結果を読んだことだってある。質問に対し罠猟師や交易商人たちは、自分たちが殺すのはせいぜい年間一、二頭のカリブーで、それ以上殺すことはないと答えていた。同時に彼らは、オオカミが何千頭もの数えきれないカリブーを殺戮《さつりく》すると主張していたのだ。

数学が得意だったことは、かつて一度もない。しかし、手近な情報から、私は合計の数をはじき出してみた。生来保守的な人間なので、私は罠猟師の数を半数ほどに減らし、次いでマイクが一年間に殺すカリブーの数をこれも半分ほどに減らしたうえで両者をかけあわせた。何回かけてみても、この地域で毎年罠猟師によって殺されるカリブーの数は、十一万二千頭なにがしなどという奇怪な数になってしまう。

カメに取りつくダニについて研究するため、十年間ガラパゴス諸島に赴任させられるといった事態を望まないかぎり、自分の報告書の中では使えない数字であることははっきりしている。

いずれにせよ、マイクとオーテクが話してくれたのは大部分が伝聞証拠にすぎず、自分はそれを収集するために雇われたわけではない。断固として私は、この心穏やかならぬ暴露記事を頭から追い払い、堅実な方法で真理を学ぶ道に立ち返ることにした。

13 オオカミたちの会話

オーテクはナチュラリストとしての非凡な才能をたくさんそなえていた。なかでも特別だったのは、明らかにオオカミの言語を理解する能力だった。

オーテクに出会う前、私はすでにジョージ、アンジェリン、アルバートが発する音声の多様さや領域が、私が知っている、人間を除くすべての動物を凌駕《りょうが》していることに気づいていた。ノートには、音の種類が次のように分類されている。遠吠え、嘆き声、震え声、クンクンいう声、不満の声、怒り声、キャンキャン声、吠《ほ》え声。こうしたカテゴリーそれぞれに、うまく記述することができない無数の変化形が含まれている。一般的にイヌ科の動物は、人間の可聴音域を超えた上下の音を聞くことができるし、おそらく発することもできる。そのことは知っていた。店で売っているいわゆる「音無し」の犬笛は、この例である。私はまた、私のオオカミ一家の個々のオオカミが、互いの声に知的な反応を示すことにも気づいていた。とはいえ、それらの音が単なる信号以上のものであるという確かな証拠はなかった。

オオカミの言語に関する本格的な教育は、オーテクがやって来て数日後に始まった。私たち二人は、特に記録すべきこともないまま、何時間もオオカミの巣穴を観察していた。静まり返った日で、ハエの煩わしさは頂点に達し、アンジェリンと子どもたちは巣穴の中に退却した。一方、二頭の雄は、午前の半ばまで続いた狩りでくたびれはて、近くで眠っている。私も退屈で眠かった。その時、オーテクが突然両手を耳にあて、じっと聞き耳を立てはじめた。

私には、何も聞こえない。彼がこう言うまで、何が彼の注意を引いたのか見当もつかなかった。

「聞いてみろ、オオカミたちが話している」。そう言って彼は、私たちから北へ八キロほどのところにある丘陵地帯の方角を指さした。*

私も聞いてみた。しかし、仮にオオカミが丘から放送を流していたとしても、私が受信できる波長ではないらしい。ブンブンいう忌わしい蚊の羽音以外、何も聞こえない。だが、エスカーの頂で寝ていたジョージが突然起きあがり、耳を前方に立て、長い鼻面を北に向けた。一分か二分後、彼は頭を後ろに反らすと遠吠えした。低く始まり、最後は私の耳でとらえられる最も高い音で終わる、長く、震えるような遠吠えだった。

オーテクが私の腕をつかみ、嬉しそうににやりと笑った。

「カリブーがこっちに来る。オオカミがそう言った」

要点はわかったが、要点以上のことはわからない。私が全体を理解したのは、小屋に戻り、またもマイクの通訳者としての助けを借りてからだった。

オーテクによれば、北隣の縄張りに棲んでいるオオカミが、待ち望んでいたカリブーが南へ移動を始めたこと、それだけではなく、現在どこにいるかを知らせてきたそうだ。話をもっと胡散臭《うさん》いものにしたのは、このオオカミは実際自分でカリブーを見たわけではなく、さらに先にいる別のオオカミからの通信を受けとっただけであり、ジョージはそれを聞いて理解し、今度はまた、そのいい知らせを次に送ったという話だった。

私は元来ものごとを易々と信じない性格だし、さらにそれは訓練によってますます強化されていた。したがって、こんな夢のような法螺《ほら》話で自分を印象づけようというオーテクの素朴さを、あけすけに面白がってみせた。しかし、私は疑い深かったけれど、マイクはそうではなかった。彼は余計に騒ぎ立てることなどしないでさっさと荷物をまとめ、狩猟の旅に出てしまった。

その時までに私は、彼もツンドラ地帯に住むほかの人間もみんな肉食生活者で、カリブーが手に入る時期にはほとんどカリブーだけを食べて暮らすという事実を学んでいた。したがって、カリブーをしとめたいという彼の願望には驚かない。しかし、オーテクが伝えてくれたあんなでたらめな証拠だけで、彼が二日も三日もバーレンを歩く旅にいそいそと出かけて行ったのには驚いた。あれこれしゃべりまくる私をよそに、彼は黙したまま、一言も口をきかずに出て行ってしまったのだ。

三日後に戻ってくると、彼は私に、カリブーの腰肉と鍋一杯の舌をごちそうしてくれた。オオカミの伝言を翻訳し、小屋から約六十五キロ東北にあるクーイアックという湖のほとりにカリブーがいると教えてくれたオーテクの言葉通りの場所で、カリブーを見つけたという。

　これが単なる偶然の一致以外の何ものでもないことはわかっている。しかし、私をかつごうとしてマイクがどれほど遠くまで行ったのか好奇心を感じたので、普段通りの会話を装って、オーテクの神業について話してくれるようマイクに頼んでみた。

　マイクは願いを聞き入れてくれた。オオカミには遠い距離を隔ててコミュニケーションをかわす能力があるだけでなく、ほとんどわれわれと同じように「話す」こともできる。彼はそう主張した。自分自身には、オオカミの声がすべて聞こえるわけでもないし、ほとんど理解することもできない。彼はそう認めたけれど、あるイヌイット、なかでもオーテクは、オオカミの声を聞くことも、理解することもできる。だから、文字通り、オオカミと会話をかわすこともできるのだという。

　この情報を少しの間じっくり考えてみた結果、私はこれから先、この二人が話す情報にはいくつもクエスチョンマークをつけておかなければならないと結論した。

　しかしなお、そこに何かあるのかもしれないという厄介な考えが何度も浮かんできた。そこで、それ以降、われわれのオオカミが何を言っているのかに絶えず注意を払い、マイクを通じてそれを私に知らせてくれるよう、オーテクに伝えてもらった。

翌朝、巣穴に到着すると、雄のオオカミはどちらも姿を消していた。アンジェリンと子どもたちは起きて歩きまわっていたけれど、アンジェリンは何か落ち着かないようすだ。何度も巣穴のある砂山に登って行き、そこで数分間聞き耳を立てているような仕草を見せては子どものところに戻ってくる。時が経過して、ジョージもアルバートも帰りの時間が随分遅れていた。それから、五回目に頂上に登ったとき、アンジェリンは何かを聞きとったようだった。オーテクも同じだった。再び彼は、両手を耳にあてる芝居じみた演技をしてみせた。しばらく聞いていて、それから私に何が起こっているのか説明しはじめた。しかし、残念なことに、この時の二人は十分意思を通じあわせることができず、私は要点をかいつまむことさえできなかった。

私はいつもの観察の日課に戻り、一方オーテクは一眠りするためテントに潜りこんだ。それからの観察日誌には、こう書きこまれている。十二時十七分、ジョージとアルバートおじさん、巣穴に帰還。明らかに疲労困憊《こんぱい》のようす。二時頃、オーテクが目を覚まし、職務怠慢の埋めあわせにお茶を一杯いれてくれた。

その次にマイクに会ったとき、私は約束を思い出させ、オーテクに質問してもらった。

「オーテクが言うには、昨日、あんたがジョージと呼んでいるあのオオカミだが、奴から女房に伝言が送られてきたそうだ。オーテクにはちゃんと聞こえた。オオカミが言うには、猟が思わしくないのでもう少しとどまることにする。多分、日中、真ん中頃まで戻れないだろう」

私は、オーテクはテントの中で寝ていたのだから雄のオオカミたちがいつ戻ってきたのか知らなかったはずだ、ということを思い出した。十二時十七分というのは、どんな点から見ても、実質的に、日中、真ん中頃だ。

しかしなお、それから二日間、再びジョージが頂に姿を現わし、北の方角に向けて耳を立てるのを見るときまで、私の懐疑主義は健在だった。何を聞きとったにせよ（もしも何かが聞こえたとしての話だけれど）、今回はそれほど興味をそそられたようすがない。遠吠えしなかったし、巣穴に戻ってアンジェリンと鼻をつきあわせていただけだった。

一方、オーテクは大いに興味をかき立てられたらしい。顔いっぱいに興奮が広がった。私に向かって何やら早口でまくしたてるけれど、私にわかるのはせいぜい二、三の言葉だけだ。意気ごんで私に何かをわからせようとする中に、イヌイット（人間、ということ）とキヤイ（やって来る、ということ）という言葉が何度か繰り返された。それでも私がボーッとしていると、絶望的な眼ざしを投げかけ、断りの言葉もそこそこに、マイクの小屋がある北西方向を目指してツンドラを横切って行ってしまった。

彼がそっけなく行ってしまったことにいささかむっとしたけれど、すぐに忘れた。そろそろ午後も遅く、雄のオオカミが夜の狩りに出かける時間が近づいている。それにつれ、オオカミたちがみんな落ち着きを失いはじめてくる頃合いだったからだ。

狩りの準備には明確な儀式がある。それは、ジョージが巣穴を訪れることから始まる。アンジェリンと子どもたちが中にいる場合、彼が来るとみんな外に出てくる。すでに外にいる場合は、アンジェリンの振る舞いはすぐに家事の退屈なようすから興奮へと変化する。跳ねまわりはじめることもある。ジョージの前に飛び出し、肩で突撃し、前足で彼を抱き締める。こうした陽気なひと時の間ジョージはとりわけやさしそうで、時には連れ合いとの模擬戦に応じることもある。私が座っているところからだと、格闘はかなり凶暴に見える。しかし、両者のしっぽが絶えず振られていることでお互い本気ではないことがわかる。

遊んでいる音は疑いなくアルバートおじさんのところにも届き、彼も舞台に登場して、仲間に加わる。彼は日中、しばしば巣穴からかなり離れた場所を選んで寝ていることがあった。あまり頻繁に子どもたちのお守り役に駆り出されるのを避けたかったのだろう。

彼が登場すると、三頭のおとなは円を描いて立ち、鼻をつきあわせ、しっぽを激しく振り、音を立てる。「音を立てる」という言い方はいかにもいい表現ではないけれど、ほかに言いようがない。彼らから離れているので大きな声しか聞こえないが、その声は、ブーブーいう音に近い。それが何を意味しているのか、私には判然としない。しかし明らかに、一般的な好意、期待、高揚といった感情に結びついている。

陽気な騒ぎは二十分から一時間ほど続き、そのうち子どもたちも参加して、おとなたちの足下に入りこみ、手あたりしだいおとなのしっぽをでたらめに齧《かじ》りまわる。その後おとなの三頭は、通常アンジェリンがリードして巣穴の砂山に登る。もう一度三頭で輪を作り、頭を高くあげ、しばらくの間「歌う」のだ。

これは彼らの一日のうち最も高揚した瞬間で、確かに私にとってもまた、これぞ高揚の頂点、という時だった。最初の何回か三頭のオオカミが歌うのを聞いたときは、深く染みこんだ古い恐怖がぞくぞくっと全身を駆け抜け、とてもコーラスを楽しむ気持ちになどなれなかった。しかし、十分な時間の経過とともに、単にそれを楽しむようになったばかりではなく、強い歓びの気持ちで待ち望むようになった。それでもなお、その歌をうまく書き表わすことができない。手持ちの言葉は人間の音楽に関するものばかりで、実際間違いではないにしても、決して適切とはいえないからだ。せいぜい自分に可能なのは、この心こもった朗々たるコーラスは、人間を超越した誰かによって演奏された荘厳なオルガンの、臓腑を揺り動かす鼓動と稲妻のような音によって心動かされるきわめて稀な体験と同じように感動的なものだった、とでも表現できるだろうか。

その熱烈さは、決して私が望むほど長くは続かなかった。三、四分で終わり、輪が解かれる。もう一度さかんにしっぽが振られ、鼻で嗅ぎあい、一般的な好意と満足の証《あかし》が現われる。それから、アンジェリンはいやいや巣穴の方に移動する。狩猟道の一本をたどり、急ぎ足で遠ざかって行くジョージとアルバートをしばしばふり返る彼女が、自分も加わりたいと死ぬほど思っているのは明らかだ。

しかし、結局、彼女は子どもたちに合流し、夕食であれ、遊びであれ、子どもたちのあふれんばかりの要求に再び応えていく。

ところがその夜、雄のオオカミたちはいつもの決まりきったやり方を変えた。北か、あるいは北西に向かう小道をたどる代わりに、東に向かったのだ。マイクの小屋や私のいるところとはほぼ正反対の方角だ。

しばらくして、人間の叫び声でわれに返るまで、私はそれ以上オオカミたちがいつもと違う方角へ行ったことを考えてみなかった。オーテクが戻ってきた。しかも、一人ではない。三人の内気そうな友達が一緒で、みんなにこにこしながら、オオカミに興味をもっているこの奇妙なカブルナック（白人）との初めての出会いに恥ずかしげなようすだ。

野次馬たちの到着でその日の観察は生産的なものにはなりそうもなかったので、私も四人の一行に加わり小屋に向かった。マイクは家にいて、古い友人である訪問者たちを出迎えた。ついに機会を見つけ、彼にいくつか尋ねてみた。

そう、その通り。彼はこう言ったのだ。オーテクはこれらの人間がこちらに向かっていて、間もなく到着することを知っていた。

どうやってわかったんだ。

またしても、ばかげた質問だった。ファイブ・マイル丘陵のオオカミが、自分の縄張りを通るイヌイットについて報告するのを聞いたからだ。オーテクはそのことを私に告げようとしていた。しかし、なかなか理解しないので、私をおいて友達を出迎えに行かなくてはならないと考えたのだ。

そして、ご覧の通り、というわけだった。

原註

＊私が彼と過ごした二年の間に彼の英語はかなり上達したし、私も随分イヌイット語を学んだので、二人は自由に会話ができるようになった。最初のうちの二人の会話については、そのまま書くとこみいったものになりそうなので、読者にもわかりやすい形に直して記しておく。

14　子どもたちの季節

六月の第三週、アンジェリンがしだいに落ち着かないようすを見せはじめた。巣穴でのあまりにも家事だけの生活に飽き飽きしはじめたということが、はっきりと表われていた。ジョージとアルバートが夕方狩りに出かけるとき、彼女も最初の行程を一緒に行くようになったのだ。最初は、巣穴から百メートル以上離れなかった。しかし、ある時など、ゆっくり引き返すまでに五百メートル近くも行っていた。

ジョージは、明らかに彼女の気分の変化を喜んでいた。それまでの何週間か、ツンドラを越えて一晩中同行するように彼女を説得していたからだ。ある時など、我慢しきれなくなったアルバートはとっくに一人で出かけてしまったというのに、出発をたっぷり一時間も遅らせ、一緒に行くよう連れ合いを誘おうとしていた。

アンジェリンが子どもたちに交じって横になっている遊び場の小山と見晴らしのきく尾根の間を、

ジョージは一時間の間に八回も行ったり来たりした。戻ってくるたびにやさしそうに匂いを嗅ぎ、しっぽを激しく振り、期待しながら狩猟道に向かって行く。アンジェリンがついてこないのを知るたびに、見晴らしのきく尾根まで行ってやるせなさそうに座りこみ、数分後にまた同じことを繰り返す。とうとう自分一人だけで出発するときには、いかにも失望し落胆しているという風情で、まるでこそ逃げ出すかのように頭としっぽを下に落としていた。

双方とも、一緒に夜の外出をしたいという願いははっきりしていた。子どもたちはすでに十分大きくなっていて、前ほど注意を払わなくてもやっていける。にもかかわらず、アンジェリンにとっては依然子どもたちの福利が何より大切だった。

六月二十三日夕方、私は一人でテントにいた。オーテクは、何か彼自身の用事でマイクの小屋に行ったまま、二、三日留守にしている。その時、オオカミたちが狩猟前の合唱の儀式に集まった。この時のアンジェリンは、いつもの彼女自身を凌駕していた。高々とおさえきれない熱望の讃歌を歌いあげる。彼女がジョージと一緒に出かけている間、私でよければ何とか子どもたちの面倒をみていてあげる方法があればいいのに、と感じたほどだ。気に病む必要などなかった。アルバートおじさんもメッセージを受けとめた。あるいは、もっと直接的なコミュニケーションがあったのかもしれない。歌が終わりジョージとアンジェリンが早足で一緒に意気揚々と出かけると、アルバートはむっつりとしてぶらぶらしながら巣穴の方へ向かい、夜通し続く子どもたちの包囲攻撃に身を沈めたのだ。

数時間後、横なぐりの雨が降りはじめ、私は観察をあきらめた。

翌朝雨があがり、霧が晴れて観察が再開できるようになったとき、オオカミの姿は見えなかった。しかし九時少し前、ジョージとアルバートがエスカーの頂に姿を現わした。

両方とも神経質そうに見える。少なくとも、不安気なようすだ。ずいぶん長い間落ち着かなさそうに歩きまわり、鼻面をつきあわせて匂いを嗅ぎあい、それから時々じっとまわりの光景を眺めてはしばし動かずにいて、そのうち別れ別れになった。ジョージはエスカーの一番高いところに行くと周囲全体が見渡せるように腰を下ろし、東から南へかけての一帯を精査しはじめた。アルバートおじさんは早足で尾根沿いに北に向かい、岩山に横になって、西側の平原を眺めている。

依然としてアンジェリンの気配はない。雄のオオカミたちの普段と違う行動も加わって、私も不安になってきた。アンジェリンに何かあったのかもしれないという思いが、自分でもびっくりするほどの痛みを感じさせた。彼女のことをどれほど好ましく思うようになっているか、それまで気づかなかったのだ。彼女がいなくなってしまったようすに、私は死ぬほど心配になりはじめた。

まさにテントを離れ、この目で確かめるため尾根に登っていこうかと思ったとき、彼女の方が先に登場した。双眼鏡でもう一度急いで眺めると、彼女が巣穴から出てくるのが見える。口に何かくわえ、勢いよくエスカーの斜面を横切って行く。一瞬何を運んでいるのかわからなかったのだが、驚くなかれ、気がつくと、子どもではないか。

子どもはすでに五キロから七キロもの重さになっていたに違いない。重い荷物に苦労しながら、急ぎ足で、しかしずいぶん時間をかけてエスカーの斜面を斜めに登りきると、トウヒの小さな木立に姿を消した。十五分後、再び彼女は巣穴に戻ってきて、また別の子どもをくわえて行く。十時までに、全部の子どもを運び終えていた。

彼女が行き来する間、明らかに二頭の雄は彼女を護衛していた。彼女が最後に姿を消すと、二頭の雄は見張りを解き、後を追った。後に残された私は、むなしく空っぽの光景を見つめるだけだった。私はひどく混乱していた。この集団出奔について思いつく唯一の説明は、私の邪魔立てがあまりに深刻なものになった結果、巣穴を放棄しなければならない状況に追いこんでしまったというものだった。もしも本当にそうなら、明らかに、彼らの後を追って行っても事態を悪くするだけだ。どうしていいかわからなくて、私は小屋に戻りオーテクに相談した。

イヌイットは、すぐに私の恐れを鎮めてくれた。子どもたちを移動させるのは、一年のこの時期、どのオオカミ家族でも普通の出来事だという。彼によると理由はいくつかある。第一に、子どもたちはすでに乳離れしていて、しかも巣穴の近くに水の供給源がないような場合、母親の乳首以外に渇きをやわらげることのできる場所に移動する必要がある。第二に、子どもたちは大きくなりすぎて、ほとんど巣穴に収まりきらなくなっている。第三に、おそらくこれが一番重要で、赤ん坊の時代に別れを告げ、子どもたちの教育を始める時なのだ。

「あいつらは地面の下の穴に住むには大きくなりすぎているし、だからといって両親について歩くには若すぎる」。オーテクの説明を、マイクが通訳してくれる。「だから年配のオオカミたちは、子どもたちが動きまわれる余裕があり、世界について学ぶことができ、しかも、依然安全な場所に連れて行くというわけだ」

たまたまオーテクもマイクも、新しい「夏の巣穴」の場所を知っているという。翌日私たちは、その場所を見下ろすことのできる地点に観察テントを移動した。

もとの古い巣穴から一キロ足らず離れた子どもたちの新しい家は、円錐形の頭を切りとったような形の狭い渓谷で、氷結作用によって断崖の壁面からはがれ落ちた巨大な丸石で埋めつくされている。渓谷の底に沿って小さな流れがあり、ハタネズミがたくさん棲んでいる草で覆われた沼地も含まれ、子どもたちが狩りの最初の原則を学ぶには理想的な場所だ。渓谷への出入り口は切り立った登りになっていて、幼い子どもたちには歯が立たない。迷子の心配もなく新しい家において行けるし、子どもたち自身すでにこの地に棲むほかの肉食獣、キツネやタカに対抗できるだけ十分大きくなっていて、それらを恐れる必要もない。

再び近くから観察を始める前に、私は彼らに夏の巣穴に落ち着く時間を与えてやろうと考え、翌晩はマイクの小屋に引き返して自分のノートを整理した。

その晩オーテクは、私の手持ちの情報にいくつか新しい項目をつけ加えてくれた。興味深い事柄の中で特に面白かったのは、オオカミは犬より長生きするという話だった。彼自身個人的に、少なくとも十六歳になる何頭かのオオカミを知っていたし、カザン河の近くに棲む一族の長だったオオカミは、オーテクの父親も知っていて、姿を消したときには間違いなく二十歳を越えていた。

彼はまた、オオカミはオオカミの子どもに対し、イヌイットがイヌイットの子どもに対してもっているのと同じ見方をしていると語っていた。すなわち、実際の親が誰なのかはたいして重要ではなく、私たちがいう意味での孤児という言葉もない。

何年か前、当時オーテクが住んでいたキャンプから二、三キロのところで子どもを育てていた雌のオオカミが、カヌーで通りかかった白人に撃たれて死んだ。オーテクは、自分とすべてのオオカミの間には何か摩訶不思議な関係があると思っていて、その事件に気が動転してしまった。当時キャンプに子どもをもった雌のハスキー犬がいたので、彼は巣穴を掘りオオカミの子どもを取り出して雌犬に預けようと決心した。しかし、彼の父親が思いとどまらせた。そんな必要はない、オオカミたちが彼ら自身のやり方で問題を解決する、と言う。

オーテクの父親は偉大なシャーマンで、真実を語っていると信じることはできた。しかし、それでも完全に納得していたわけではなく、オーテクは寝ずの番で巣穴を見張っていた。彼が言うには、そんなに何時間も隠れている必要はなかった。連れ合いをなくしたオオカミが見知らぬ雄のオオカミと一緒にやって来て、二頭で巣穴に入って行った。再び姿を現わすと、それぞれ一頭ずつ子どもをくわえている。

オーテクは何キロも彼らの後をつけ、二頭が別のオオカミの巣穴に向かっていることに気がついた。その場所なら彼も知っている。近道を通って一生懸命駆け、二頭がそこに着く前に第二の巣穴に到着し、彼らが来るのを待つことにした。

二頭が現われると、自分自身一腹《ひとはら》の子どもたちを抱えていた巣穴の持ち主の雌が入り口に姿を見せ、運ばれてきた子どもの首筋を一頭ずつつかむと巣穴に運んで行く。二頭の雄はまた出かけ、別の子どもを連れて戻ってきた。

全部終わったとき、第二の巣穴には十頭の子どもがいた。全部同じ大きさ、同じ年頃で、オーテクが見るかぎり、後に残された雄を含むおとなたちに、同じ親切さで、みんな平等に扱われた。

心動かされる物語だ。しかし私自身、数年後、母親を亡くした別のオオカミの子どもたちの、ほとんど同じような養子縁組の話を聞くときまで、心の底からそれを信じていなかったと思う。その時の情報提供者は著名な白人のナチュラリストで、私は彼の言葉にほとんど疑問を差し挟むことができなかった。しかし、考えてみれば、なぜ私が、精神的にほとんどオオカミであったオーテクの言葉以上に彼の言葉に重みを感じたのか、自分でも説明するのは難しい。

私はこの機会をとらえ、時としてオオカミは人間の子どもを受け入れて育てるという、古くから信じられている事柄について聞いたことがあるかどうか、オーテクに尋ねてみた。明らかに彼はそれを私のユーモアと受けとって、微笑みながらこう答えた。それは美しい話だ。とはいえ、信用できる事柄の範疇《はんちゅう》を超えている。オオカミ少年を現実として受け入れることに対するどちらかというとへりくだったような拒絶は、私にはいささか思いがけなかった。しかし、彼がさらに説明を続けたとき、心底心ゆさぶられた。

彼によると、オオカミの巣穴におかれた人間の子どもが死ぬのは、オオカミがそう望むからではなく、単に子どもが生まれつき無力で、オオカミとして生きていくことができないからにすぎない。他方、人間の女性がオオカミの子どもを健康なおとなに育てることは完璧に可能であり、実際イヌイットのキャンプでは、ハスキー犬の雌が死んだとき、しばしば女性が子犬を育てることがある。彼自身、自分の子どもを亡くして乳があふれている女性が、ハスキー犬の子どもを手に入れることができず、オオカミの子どもに乳を与えて育てた例を少なくとも二件知っていた。

15 恋に落ちたアルバートおじさん

夏の巣穴の位置は、オオカミの側から見れば理想的であっても、私にはそうとはいえなかった。というのは、あちこちの大きな丸石に邪魔されて、何が起こっているのか観察するのが難しかったからだ。それに加え、ちょろちょろ流れ落ちる水のように北の方からカリブーが辺り一帯に戻りはじめ、サイレンの合図のように三頭のおとなのオオカミたちすべてを狩りの喜びに誘っていた。彼らは、今でも日中のほとんどを、巣穴か巣穴の近くで過ごしていた。しかし、いつも夜の遠征で疲れきっていて、寝ること以外ほとんど何もしない。

とうとう暇をもて余しそうになりはじめたとき、アルバートおじさんが恋に落ちて、私を退屈から救ってくれた。

私が初めてマイクの小屋にやって来て、その後すぐ彼がそこを離れたとき、彼は犬を全部連れて行った。ずらりと並んだ外科用メスの近くに犬を放置しておくことなど考えられなかったのだろうと、その時は思った。が、それだけではなく、カリブーがいなければ犬を食べさせることができなかったからだ。六月いっぱい、彼の犬橇《いぬぞり》チームはカリブーの生息地にあるイヌイット・キャンプに預けられた。今やカリブーが南に戻ってきているので、犬を預かっていたイヌイットが彼らを連れ帰ってくれたのだ。

マイクの犬は地元の在来種で、すばらしい生き物だった。ハスキー犬は準家畜化されたオオカミであるという神話がいまだに信じられているけれど、それは本当ではない。もっとも、両方の種とも、同じ祖先から分かれてきたものではあるらしい。ハスキー犬は、体型はオオカミより小さい。しかし、オオカミより体重が重く、胸幅は広く、首は短く、臀部《でんぶ》の上で巻く羽毛のようなふさふさのしっぽをもっている。ハスキー犬はまた、別の面でもオオカミと違っていた。野生の親戚と違い、雌は季節に関係なく一年中発情する。

マイクの犬橇チームが小屋に戻ってきたとき、雌の一頭がちょうど発情期を迎えていた。種にそなわった熱情と彼女自身の性向から、この雌はすぐにチームの仲間を騒ぎに巻きこんだ。はてしない問題に頭を抱えていたマイクがある晩そのことをこぼしていたとき、私にひらめくものがあった。

オオカミたちの節度ある習慣のおかげで、私のオオカミ研究では性生活に関する事項が何も明らかになっていない。カリブーの群れとともに動きまわる三月の短い交尾期間の間、彼らを追いかけまわそうとでも思わないかぎり、この致命的な知識のすき間を埋めるチャンスなどなさそうだ。

マイクとオーテクがそれまでに話してくれた事柄から、私は、オオカミが異種婚に反対しないことを知っていた。事実、機会さえあればオオカミは犬とつがおうとするだろうし、その逆も起こるだろう。それが頻繁に起こらないのは、犬は働いているとき以外ほとんど繋《つな》がれているからで、にもかかわらず、実際それは起こっている。

私が提案してみると、嬉しいことにマイクは同意してくれた。実際、彼はとても喜んだみたいだ。というのは、彼自身長い間、オオカミとハスキー犬の間に生まれる犬がどんな犬橇用の犬になるのか知りたいと思っていたらしい。

次の問題は、どうやって実験の段取りを決めたら、私の研究が最大限恩恵を被ることができるかだった。私は、段階を踏んでことを進めることにした。第一段階は、クーアという名前のその雌犬の存在と状況をオオカミに知ってもらうため、私の新しい観察地点の近くに連れて行って歩かせるというものだった。

クーアは喜んでそうした、どころではない。実際オオカミの通り道のひとつに出会った途端に熱を帯び、私にできたことといえば、重い鎖の綱でどうにか彼女の性急な行動を押さえておくことだけだった。私を引きずりながら彼女は、期待を隠そうともせずにすべての匂いの標識を嗅ぎまわり、ひたすら突進しようとする。

悪戦苦闘して小屋まで連れ戻し、しっかり鎖で繋いでしまうと、雌犬は一晩中欲求不満の遠吠《とおぼ》えで応えていた。

あるいは、彼女を歌わせたのは欲求不満ではなかったのかもしれない。というのは、翌朝私が目を覚ますと、訪問者があったことをオーテクが知らせてくれたからだ。間違いなく大きなオオカミの足跡が、犬を繋いだところから百メートルも離れていない川岸の濡れた砂の上にはっきり残っている。まさしくその夜ロマンスが実を結ぶことを妨げたのは、おそらく、嫉妬深い雄のハスキー犬たちの存在だけだったのだろう。

ジョージかあるいはアルバートか、どちらかがきっとその晩、誘惑に満ちた匂いの染みこむクーアの恋文を発見するだろうと予想するべきだったのに、私はそんなにすぐ結果が出るとは思っていなかった。

こうなったら、急いで計画の第二段階を実行に移さなければならない。オーテクと私は観察テントに行き、そこから夏の巣穴に向かって百メートルのところにある、十五メートルほど離れた二つの岩の間に太い針金を張りめぐらした。

翌朝私たちは、その場所にクーアを引っ張って行った。あるいは、クーアに引っ張られて行った、という方が正しいだろうか。自らオオカミ探索に出ようとする彼女の決然たる試みを押さえつけ、私たちは何とか彼女の鎖の輪を針金に通すことができた。針金の仕掛けのおかげで彼女はかなり自由に動くことができるし、何か不都合が生じたときのためにテントからライフルを手に監視していることもできる。

ところが驚いたことに、彼女はすぐに落ち着きを取り戻し、午後のほとんどを寝て過ごした。夏の巣穴の近くに、おとなのオオカミたちの姿はなかった。しかし、時々子どもたちが小さな草原をどしどし歩きまわり、野ネズミを追って跳躍したりつかみかかったりする姿が垣間見られた。

午後八時半、巣穴の南側の岩の尾根の背後で、突然、こちらからは姿が見えないオオカミたちが狩りの前の歌を歌いはじめた。

最初の声が聞こえてくるやいなやクーアが飛び起きて、コーラスに加わった。何という遠吠えの仕方だろう！　私の知るかぎり、私自身の血管の中には犬やオオカミの血は流れていない。しかしなお、サイレンのようなクーアの歌声の誘惑的な響きは、私の中に、はるか彼方の古い時代に忘れ去っていた喜びを呼び起こさせるに十分だった。

疑いなく、オオカミたちが彼女の悲嘆の苦しみを理解するのに長くはかからなかったようだ。歌声が高揚の途中で止み、数秒後、三頭揃って尾根の頂に姿を現わした。四百メートルほどは離れていたが、彼らの目にはクーアの姿がはっきりと見えているはずだ。一瞬の躊躇の後、ジョージとアルバートが彼女に向かって駆け出した。

ジョージはそれほど遠くまで行かなかった。五十メートルも行かないうちにアンジェリンが追いつき、断言はできないけれど、ジョージをつまずかせたように見えた。いずれにせよ、彼は苔《こけ》が浮かぶ沼地の中にもんどり打って倒れ、立ちあがったときには、クーアへの関心は霧散してしまっているようだった。公正に評価して、クーアに対する彼の関心が性的なものだったとは、私は考えていない。おそらく、自分たちの領域への見知らぬ侵入者に対する調査を先導しただけなのだろう。とにかく、彼とアンジェリンは夏の巣穴に撤退し、渓谷の口のところに一緒に横になって、この場に似合いのように見えるアルバートおじさんが状況をどのように取り仕切るか、成り行きを見つめていた。

アルバートがどれくらいの間独り身だったのか、私は知らない。しかし、長すぎたのは確かなようだ。クーアが繋がれている場所に到着するや、あまりに慌てすぎてその場を通り越してしまった。一瞬私は、彼が私たちを競争相手と考え、決着をつけるためそのままテントの方にやって来ようとしたのかと緊張したほどだ。しかし、何とか向きを変え、荒々しい駆け足も収まっている。それから、われを忘れる切ない思いで彼の到来を待ちこがれているクーアまで三メートルほどのところに近づくと、彼の態度ががらりと豹変した。その場にじっと立ちつくし、大きな頭を下げ、それから道化役者に変貌してしまったのだ。

見ている者が赤面するばかりの光景だった。広い頭蓋骨にぴったり両耳を寝かせ、子どものようにしっぽを振り、同時に、ぞっとするようなしかめっ面で唇をゆがめている。夢中の念を示そうとしたのかもしれない。しかし私には、むしろ老いの衰えの兆候のように見えた。おまけに彼は、ペキニーズ〔中国原産の小型犬〕が発するような、むかむかする甘えた作り声でクンクン言い出す始末だ。

クーアもまた、彼の奇妙な行動に当惑したようすだった。明らかに、こんな突拍子もないやり方で求愛されたことなどなく、どう応えていいかわからないみたいだ。半分唸《うな》りながら、彼女は鎖が届くかぎり遠くまでアルバートから身を遠ざけた。

このことが、アルバートを卑屈にした。さらにしかめっ面になり、今やまったく間抜けな表情で彼女に向かって腹這いのまま近づきはじめたのだ。

ことここに及び、私もクーアの不安を理解しはじめた。アルバートはすっかり正気を失ってしまっている。まさにライフルをつかんで彼女の救援に赴こうとしたその時、オーテクが私を押しとどめた。彼はにやにや笑っている。あけすけな卑猥《ひわい》さを含んだ表情で、しかし私に、心配する必要などないこと、事態はオオカミ的な観点からするなら完璧かつ正常に進展していることをはっきりわからせてくれた。

まさにこの時点でアルバートは、当惑させるほど急激にギアを入れ換えた。身を起こして立ちあがると、突然、堂々たる雄に変貌したのだ。首のまわりの毛が広がり、それは、顔を取り囲む銀色の巨大なオーラのように見える。からだは固くしまり、白い鋼鉄でできあがっているかのようだ。持ちあげられたしっぽは、本当のハスキー犬のように高く、しっかり巻かれている。それから彼は、微妙な速さで間合いをつめていった。

もはや、クーアに疑いの余地はなかった。これ、な、ら、彼女にも理解できる。彼がその大きな鼻を伸ばし、最初の愛撫《あいぶ》を申し出ると、幾分はにかみ気味に彼の方に背を向け、それからからだをひねって内気そうに彼の肩口を噛み、……。

その後の顚末《てんまつ》についての私の記録は詳細をきわめている。しかし、あまりにも専門的かつ科学的な用語にあふれていて、この本にはそぐわないのではないかと思う。したがって、その後のことに関しては、観察によってアルバートが確かに愛の営みの仕方を知っていることを確認した、というふうにまとめておくことで満足するとしよう。

私の科学的好奇心は満たされた。しかし、アルバートおじさんの情熱はそうではなく、今やきわめて難しい事態が発生した。私たちはあらんかぎりの忍耐力を発揮して丸々二時間待ったのだが、アルバートは新しく見つけた恋人から離れようとする兆候を微塵《みじん》も示さない。オーテクと私はクーアを連れて小屋に戻りたかったし、それ以上待てなかった。いささか絶望的になって、とうとう私たちは愛しあう恋人たちのところへ突撃を企てた。

アルバートはしっかと地面に立ち、しかし、私たちを完全に無視している。私たちが恋人たちから五メートルも離れていない地点に近づいても、アルバートには依然そこを立ち去ろうとする気配がまったくなかったので、オーテクでさえその先をどうやって進めたらよいのか確信がなさそうに見える。

まったく気が進まないところではあったけれど、アルバートが立っている場所から少し離れたところに私がライフルを発射して、やっと膠着《こうちゃく》状態が破れた。

銃声で、アルバートは忘我の境地から目覚めた。空中高く飛びあがり、十数メートルも跳ねとんで、しかし、すばやく落ち着きを取り戻し、私たちの方にじりじり戻ってくる。その間に私たちは鎖をはずし、すねていやがるクーアをオーテクが小屋の方に引いて行き、私はライフルを持って背後を警備した。

アルバートが後ろからついて来る。十五〜二十メートルの距離を保ったまま、時には背後から横手に、さらには前方にまわりこむ。しかし、決して立ち去ろうとはしない。

小屋に戻り、私たちはもう一度彼の熱を冷まそうと空中に向けて数発発射したが、ほんの二、三メートル後退させただけで何の効果もなかった。明らかに、夜通しクーアを小屋の中に入れておく以外打つ手がなさそうだ。チームメイトと一緒の列に繋いでおいたりした日には、ほかの犬たちとアルバートの間に大乱戦が生じるだろう。

恐ろしい夜だった。小屋の戸を閉めた瞬間、アルバートは悲嘆に落ちこんだ。絶え間なく嘆き悲しみ、泣き叫び、不平を言い立てる。それに対し犬たちは、甲高い不協和音で侮辱と悲嘆の声に応えている。クーアが不滅の愛のメッセージを叫んでそれに加わった。何とも堪え難い状況だ。朝までに、マイクは何度か威嚇射撃をした。少しずつ本気になってきている。

その日も、窮状を救ったのはオーテクだった。窮まった事態だけではない。多分、アルバートの命も、だったと思う。彼はマイクを説き伏せ、クーアを放してやれば万事うまくいくと説得したのだ。彼女は逃げ去ったりしない。オオカミと一緒にキャンプの近辺にとどまるだろう。彼はそう言った。発情期の熱が冷めれば家に戻ってくるだろうし、オオカミだって自分の仲間のところに帰って行くはずだ。

そして、いつもの通り、彼は完璧に正しかった。次の週、私たちは時々、肩を並べ遠くの尾根を行く恋人たちの姿をちらっと見かけることがあった。彼らは決して巣穴のあるエスカーの方に近づかなかったし、小屋の近くにも来なかった。自分たちだけの世界、明らかにお互い以外誰もいない世界に棲んでいた。

彼らは私たちを気にかけなかったけれど、私は落ち着かない気持ちのまま彼らを意識していた。だからある朝、犬たちの列のいつもの場所に、疲れはて、しかしもう十分といったようすでクーアが横になっているのを見つけたときは嬉しかった。

翌晩、アルバートおじさんも再びエスカーでのオオカミの夕べの儀式のコーラスに加わっていた。今や、その声には、それまで聞いたこともない、柔らかい、満足げな響きがあり、私を歯ぎしりさせた。空自慢というやつは何とも鼻持ちならない。たとえオオカミであっても。

16　朝の肉の配達

渓谷に移動してから、子どもたちはほとんど隠れて姿を見せなかった。それである朝、アンジェリンも二頭の雄のどちらも夜の狩りから戻らないうちに、百メートルも離れていない距離で渓谷を見下ろせる、丈の低いトウヒの茂みをいただいた岩場へたどって行ってみた。ほんのわずかな風しかない。しかも北東から吹いていたから、巣穴のオオカミも、巣穴に戻ってくるオオカミも、私の匂いに気づくことはないだろう。私はトウヒの間に身を落ち着け、渓谷の底を眺め渡した。

長さ三十メートル、幅十メートルの囲いこまれた狭い峡谷全体に、何本かの小道が交差している。見ていると、二頭の子どもが渓谷の壁の下の崩れ落ちた岩場の中から現われ、小道の一本を小さな流れの方に駆け下りて行った。二頭は流れの端に揃って並ぶと、丸い小さな顔を水の中につっこんだ。短い切り株のようなしっぽが絶えず振られている。

ここ数週間で、二頭とも随分成長し、おとなのウッドチャック（北アメリカ産のずんぐりしたリス科の動物」によく似た大きさと姿になっていた。太って足が短くなったように見えるし、子どものもじゃもじゃした灰色の毛でますます丸く見える。両親を特徴づけているようなしなやかさや見事な体躯《たいく》を約束するようなものは、彼らのどこにも見いだすことができない。

三番目の子どもが小さな渓谷の少し向こう側で視界に現われ、すっかりしゃぶりつくしたカリブーの肩甲骨を引きずっていた。まるでそれが生きていて危険であるかのように吠えかかると、流れのそばにいた子どもたちが聞きつけ、水が滴る顔をあげるやいなや、そちらに向かって跳ねるように飛んで行く。

今や入り乱れての戦いが始まり、お互いに兄弟たちの足にとがった歯を立てる。そのたびに、乱暴な唸り声とキャンキャン言う金切り声が辺りの空気に満ちあふれた。四番目の子どもが現われ、われを忘れんばかりの喜びの悲鳴を発しながら乱闘の中に飛びこんで行く。

四分か五分こうした共倒れの戦争が続いたところでワタリガラスが小さな渓谷の上を低く飛び、その影が子どもたちの上をよぎると、彼らは骨を捨てて急いで隠れ家に逃げこんだ。しかし、明らかにこれも遊びの一部で、本当に怖がっているようすなどまったく見せず、再び登場する。そのうちの二頭は骨をめぐる争いに立ち戻り、別の二頭はミズゴケの湿原に行って、ネズミを探して匂いを嗅ぎまわりはじめた。

この小さな場所にいまだに残っているネズミたちは、どれもみな例外的に用心深くなっているに違いない。二、三分間おざなりに鼻をフンフン言わせ、一度か二度泥のような固まりを探してみてから猟をあきらめ、また二頭で遊びはじめた。

アンジェリンが帰ってきたのはこの時だった。

私は子どもたちに没頭していたので、すぐ近くで深く鼻を鳴らす声を聞くまで彼女がいることに気づかなかった。その声を聞きつけ、子どもたちも私もみんな渓谷の稜線にいるアンジェリンの方に頭を向けた。子どもたちはたちまち遊びをやめ、興奮した金切り声で訴えかけ、なかの一頭などはずんぐりした後ろ足で立ちあがると喜びの期待をこめて前足をばたつかせている。

アンジェリンは、落ち着いた、しかし愛情あふれるようすで子どもたちを一秒か二秒眺め、外輪の縁を飛び越えると谷間の底に下りてきてみんなに取り囲まれた。途中で何頭かの子どもを仰向けにひっくり返したりしながら一頭ずつ匂いを嗅ぎ、それから肩を丸めると食べ物を吐き出しはじめた。

何が起こるか知っていたはずなのに、うっかりして、私は一瞬毒でも食べたのかと、恐怖にとらえられてしまった。もちろん違う。アンジェリンは何度か痙攣《けいれん》的な動きを繰り返し、少なくとも五キロ近くもの消化されかけた肉を吐き出した。それから飛び退いて身を横たえ、子どもたちがそれに取りつくのを眺めている。

朝の肉の配達は、私にはいささか吐き気を催させるものだったが、子どもたちはおかまいなし。一途な貪欲さで朝のご飯に食らいつき、一方アンジェリンは子どもたちのぎょっとするような無作法を正そうともせず、我慢強くそれを眺めていた。

ただのひとかけらも昼食のために残さず、朝食が終わると、子どもたちは今いる場所にそのまま倒れこんだ。お腹がいっぱいで、これ以上あばれまわることもできそうにない。

暑い夏の、朝の眠気が私たちみんなを包みこむ。間もなく、目覚めているのは私だけで、私も目を開けているのが難しくなってきた。少しばかり姿勢を楽にして、手足を伸ばしたいところだ。しかし、あまりにオオカミの近くだし、静けさはいかにも深く、どんな小さな音でも聞こえてしまいそうで動くことができない。

こんなことを言うのも品のない話だけれど、私は生まれつきお腹の中に共鳴室のようなものをそなえているらしい。空腹の時や、時にはそうでない時にも、私の解剖学的構造のこの部分が自動的に、驚くほどの多様さと音量をそなえた、実際に聞いてみなければ信じてもらえないような音を出す。何年ものうちに私は、少なくともある種の技能によって、自分は関係ありません、耳に聞こえるゴロゴロいう音は私のせいではありません、というようなふりを装ってその場を取りつくろう術《すべ》を学んできてはいた。普段ならそうすることもできたのに、しかし、この時はどうにも打つ手がなかった。

地獄の奥に棲む悪魔の太鼓打ちは、よりにもよってそんな時を選び、遠く鳴り響く雷鳴のような不協和音が朝の静寂の中に転がり出てきたのだ。

アンジェリンがぱっと目を覚ました。頭をあげ、聞き耳を立て、怪訝《けげん》そうなようすでいる。何とかおさえようとしたけれど、音はいっこうに鳴りやまない。アンジェリンはゆっくり身を起こすと、彼らの責任ではないことを確かめるようにちらりと子どもたちを見た後、伺うような眼ざしを雲ひとつない空に向けた。秘密を解き明かす答えはない。すっかり目を覚まし、彼女は音の探索を始めた。

一般的に言って、お腹の音には腹話術の効果があるし、特に私のような場合、音の出所を見つけ出すのは容易ではない。アンジェリンは渓谷の底と稜線を二度のぼり下りしたが、募る好奇心を少しも満足させられなかったようだ。

撤退すべきか、私の体内オーケストラが自然に鳴りやむのを期待してその場にとどまるべきか、決心がつかない。しかし、オーケストラは大地をゆらさんばかりに新たな長いごろごろ音を鳴り響かせ、依然いっぱいの活力を示していた。一瞬の後、アンジェリンの頭が私から三メートルほどの小さな渓谷の稜線に現われた。

数秒間、両者は黙ってお互いの目を覗《のぞ》きこんだ。少なくとも、彼女の方は、黙っていた。私の方は、懸命に黙ろうとするけれど、あまりうまくいかない。きわめて困った苦境に立ちいたったものだ。それまでも、アンジェリンを見れば見るほど彼女に対する尊敬の念は高まってきていたし、彼女の意見を高く評価していたから、自分だって彼女の目に愚か者に映ったりしてほしくない。

それなのに、きっと私はひどく愚かに見えているはずだ、と、私は感じた。彼女の突然の出現は、ますます私の腸内音楽家たちを鼓舞するすばらしい効果を及ぼしている。私は何とか弁解しようとしたけれど、もっともらしい言い訳を考えつく前にアンジェリンは唇をゆがめ、冷たい軽蔑の表情をこめて見事な白い歯を剝《む》き出すと姿をかき消してしまった。

急いで隠れ家を飛び出し、渓谷の端まで彼女を追いかけた。しかし、すでに遅く、謝る間さえなかった。やっと目にすることができたのは、子どもたちをせき立てながら小さな渓谷の向こう側の細い岩の間の草地に姿を消す、軽蔑するようにゆれている彼女の美しいしっぽだけだった。

17 隠れ谷からの訪問者

七月までテントで寝ずの番を続けていたけれど、オオカミについての知識はそれほど増えなかった。子どもたちは急速に成長し、ますます大量の食べ物が必要になっている。ジョージもアンジェリンもアルバートも、そのエネルギーのほとんどを遠くまで狩りに出ることに割かなければならない。子どもたちのために食料を見つけるのは体力を消耗する仕事で、巣穴にいる少しの間、彼らはほとんど寝て過ごした。そうした事態にもかかわらず、彼らは時々私をびっくりさせた。

渓谷の住まいからもとの巣穴の場所に戻っていたときのことだ。ある日オオカミたちは、さほど離れていない場所でカリブーを殺し、願ってもない食料供給のおかげで休日をとることができた。その夜彼らはまったく狩りに出ず、巣穴の近くにとどまって休憩していた。

翌日、暖かい晴天の朝が明け、満ち足りた気だるい空気が三頭を包んでいるように見えた。アンジエリンは巣穴を見下ろす岩の上にのんびり横になり、ジョージとアルバートはエスカーの頂の平らな砂の上で休んでいる。長い朝の間、彼らが示す唯一生きている印は、時々姿勢を変え、辺り一帯をものうげに眺めまわす動きだけだった。

正午近く、アルバートが立ちあがり、水を飲むため曲がりくねった道を水辺に下りて行った。それから一時間か二時間、彼は気まぐれなやり方でカジカを追い、それからまた寝床に戻ろうとし、半ばまで来たとき、彼は歩みを止めた。すっかり疲れきってしまい、エスカーの頂上まで戻るという考えは捨ててしまったとでもいうみたいにその場に寝そべると、たちまち頭《こうべ》を垂れ、すぐに寝入ってしまったのだ。

そのようすを、誰も見ていなかったわけではない。ジョージが頭を前足にのせ、友達の魚釣り探検の進展をのんきそうに見つめていた。アルバートが崩れ落ちるように寝入ってしまったとき、ジョージが立ちあがった。手足を伸ばし、大きなあくびをしてから、暇をもてあました無頓着さといったようすで、ゆるゆるとアルバートが横になっている地点に向かって歩き出した。まったく何の目的もないように見える。灌木やネズミの穴のところで匂いを嗅ぎ、二度ほど座りこんでからだを掻いている。にもかかわらず、常にアルバートから目を離さない。ふらふらと、寝ているオオカミから十五メートルばかりのところまで来たとき、彼の挙動が劇的に変わった。

まるで猫が身を屈《かが》めるようにからだを低くすると、真剣な意図がありそうなようすでアルバートににじり寄って行く。緊張が高まり、気がつくと私は望遠鏡を握りしめ、ジョージの素早い変貌が何を意味するのか不思議に思いながら大団円を待ちかまえていた。ついに、家族の完璧な調和は破られたのだろうか。アルバートは何かオオカミ世界の掟を踏みはずし、その罪を血で贖《あがな》わされようとしているのだろうか。そんなふうに見える。

無限に用心深く、何の疑いも抱かず眠っている相手に向かって少しずつ滑り寄って行く。前後不覚に眠っているアルバートから三メートルばかりのところに来たとき、後ろ足をからだの下に引き寄せ、その瞬間を十分味わうに足るほど長く静止した後、恐ろしげな唸り声を発すると同時に身を翻してすさまじい跳躍を見せた。

六、七十キロもあろうかというオオカミがつかみかかる衝撃は、アルバートのからだの中の空気を空っぽにしてしまうほどのものだったに違いない。しかし、いくらか息が残っていたみたいだ。アルバートは、オオカミが発する音のカタログに記されていない、まったく新しい声をあげた。衝撃と怒りが混じりあった鋭い音で、混みあった地下鉄の車内で誰かにお尻をつねられた女性が怒って発する音に似ていなくもない。

ジョージは飛び退き、アルバートが何とか立ちあがろうともがいているときにはすでに走り出していた。

それに続く追いかけあいは、まさしく真剣そのものに見えた。ジョージはまるで地獄の猟犬たちに追われているかのようにエスカーの斜面を矢のように駆け上り、その後をアルバートが激しく怒りくるって追って行く。二頭は突撃し、ひらりと身をかわし、力の限りをつくして行ったり来たりしている。

巣穴のそばを駆け抜けたとき、アンジェリンがひょいと顔をあげ、素早く事態を見てとるや熱心に追跡に加わった。今や二対一で、形勢はジョージに不利になった。もはや身をかわすこともできず、ひたすらまっすぐエスカーを駆け下り、その下の沼地を越え、湾の岸辺沿いに逃げるしかない。湾の突端に近い水辺に巨大な割れた岩があり、ジョージは飛ぶように狭いすき間を抜けると不意に向きを変えた。あまりに急だったので、足下の砂や小石が舞いあがったほどだ。彼は岩のまわりを鋭くまわりこみ、ぎりぎりのタイミングでアンジェリンを側面から攻撃した。何の躊躇《ちゅうちょ》もなく彼女を押しつぶして完全にひっくり返すと、彼女は横腹をこすりながら二メートルほども滑り落ちた。

追跡者の片方を一時的に片づけても、主導権はとれなかった。再び追っ手を引き離す前にアルバートが彼にのしかかり、両者は争いながら一緒に転がった。その間にアンジェリンも立ち直り、争いに加わっていく。

乱闘は、始まったときと同じように突然終わった。三頭は身を離すとそれぞれからだを震わせ、鼻面を寄せて嗅ぎあい、激しくしっぽを振り、全員大いに楽しんだことを表わしながら巣穴の方に小走りに戻って行く。

オオカミの間では、こうした実戦まがいの悪ふざけは稀にしかない。それでも私は、何度か、夜の狩りから戻ってくるジョージの姿を遠くから見つけたアンジェリンが、彼を待ち伏せするのを目にしたことがある。そんな時彼女は、身を潜め、ほとんど真横に来た瞬間彼に飛びついていく。彼はいつだって驚いた素振りを見せてはいたけれど、たいていの場合、彼の嗅覚は彼女が近くにいることを嗅ぎつけていたはずで、そんな感情を装っていただけなのかもしれない。いったん驚きが去ると、アンジェリンは連れ合いを鼻面で愛撫し、前足で抱きしめ、からだの後ろ側を高くあげて彼の前に身を投げ出し、あるいは愛情をこめて肩でぶつかりながら彼の横を素早く歩いたりするのだった。その全体が、小さな個人的な歓迎の儀式といった趣だった。

風のない七月のある夜に起こった別の出来事には、大いに考えさせられた。すでにアンジェリンは雄たちと一緒にしばしば狩りに出かけるようになっていたけれど、家にとどまることもあり、そんな時、訪問客を迎えたのだ。

真夜中もとうにまわり、私もテントの中でうとうとしかけていたとき、そんなに遠くない南の方からオオカミの遠吠えが聞こえてきた。普通とは違う、どちらかというとおさえ気味の叫び声で、声の震えがない。寝ぼけ眼で双眼鏡を取りあげ、私は声の主を探そうとした。とうとう二頭のオオカミを見つけた。両方とも見知らぬオオカミだ。オオカミの巣穴があったエスカーのちょうど向かい、入り江の反対側の水際に座っている。

この発見ですっかり目が覚めた。オオカミの家族同士の縄張りは、相手方が気にならないほど双方遠く離れているかぎり神聖なものだ。ほんの少し前小さな渓谷に入って行くところを見かけたから、アンジェリンが家にいることはわかっている。私は、この侵略に彼女がどう反応するか、興味津々だった。

望遠鏡の照準を谷間に合わせてみると（望遠鏡は、すでに白みはじめていた夜明け前の薄明かりのなかでの観察には、通常の双眼鏡ほどふさわしくない）、すでに彼女は姿を見せ、見知らぬオオカミたちのいる場所にまっすぐ向かって立っていた。油断なく頭を前方につき出し、耳を立て、しっぽをセッター犬のように後ろに伸ばしている。

どちらのオオカミも、数分間じっとしたまま、それ以上物音も立てない。それからよそ者の一頭が、再び、すでにその前に耳にしていたのと同じ伺うような遠吠えを試みた。アンジェリンはすぐに反応した。ゆっくりしっぽを振りはじめ、目に見えて緊張した態度がほぐれていく。それから、小走りに谷間の端に来て、鋭く犬のように吠えた。

その時私は、本によればオオカミは（ハスキー犬もだが）ワンワン吠えることがないとされているのに、と考えた。しかし、アンジェリンの吠え声はそんな吠え声だ。二頭の見知らぬオオカミはそれを聞くとすぐに立ちあがり、入り江の水辺に沿って急ぎ足に進んできた。

巣穴から五百メートル足らずのところで、アンジェリンは二頭のオオカミに遭遇した。びくりとも動かず立ったまま、二頭が近づいて来るのを待っている。彼女から二メートルほどのところで二頭も立ち止まった。何も聞こえてこない。しかし、三頭のオオカミのしっぽがどれもゆっくり前後にゆれはじめ、一分かそれくらい相互に好意を示しあった後、アンジェリンは慎重に前に進み出て鼻面の匂いを嗅いだ。

見知らぬオオカミたちが誰であれ、明らかに歓迎されている。挨拶の儀式がすむと、三頭は急ぎ足で一緒に夏の棲みかの方に向かった。渓谷へ下りて行く辺りで、よそ者の一頭がアンジェリンと跳ねまわって遊びはじめた。アンジェリンがジョージと遊んだり、ジョージがアルバートと遊ぶときに比べはるかに穏やかだったけれど、二頭は数分間遊んでいた。

その間、もう一頭のよそ者は四頭の子どもがいる渓谷の奥の方に静かに下りて行った。残念ながら、渓谷の中で何が起きているのか見ることはできない。しかし、アンジェリンが気をもんでいないことは確かだ。友達との遊びを終えると彼女も渓谷の端まで歩いて行き、前よりいっそう激しくしっぽを振りながら、そこに立って下を見下ろしていたくらいだ。

見知らぬオオカミたちは長くとどまらなかった。二十分後、渓谷の中にいた一頭が再び姿を見せ、三頭の間でさらに鼻面をつきあわせて嗅ぎあい、それから二頭は向きを変え、やって来た方向に戻りはじめた。アンジェリンも、最初は一頭と、次にもう一頭と戯れながらしばらく一緒について行った。二頭が入り江の岸を離れ西に向かったところではじめてアンジェリンは向きを変え、家に戻ってきた。

　自分が見たことをオーテクに話すと、まったく驚いたようすもない。むしろ私の驚きの方が不可解だと思ったようだ。結局のところ彼が指摘するには、人間は別の人間を訪問する。とすれば、オオカミがオオカミを訪問して何がおかしいというのだ。

　お前だってここにいるじゃないか。

　この重大なときにマイクが会話に加わり、見知らぬオオカミがどんなだったか教えてくれという。私ができるかぎり詳しく話すと、うなずいて言った。

「多分そいつは、隠れ谷に棲む連中の仲間だ。ここからおよそ五、六キロ南さ。よく連中を見かけるよ。二頭の雌と、野郎が一頭、それに子どもたち。雌のうちの一頭は、あんたがアンジェリンと呼んでいる雌の母親だと思う。もう一頭の方は、アンジェリンの妹だろうな、多分。いずれにせよ秋になれば、みんなあんたの群れと一緒になって、揃って南へ行く」

　私は黙って二、三分この情報について考え、それから質問した。

「二頭の雌のうち一頭にしか連れ合いがいないとなると、もう一頭は未婚ということになる。どっちがそうだと思う？」

　マイクは何を思ったか、考え深そうに長い間私を見つめている。

「よく聞け。すぐに、ここを出て家へ帰る方法を考えたらどうだ、えっ。どうやら、ここに長くいすぎたみたいだな、あんたは」

18 家族生活

七月半ば、じっと一か所にとどまって行なう観察を中断し、オオカミの狩りの行動についてまじめに研究を始めるべき時だと決心した。

この決定は、何週間分もたまった汚い靴下の山の下から、長い間無視したままだった任務命令書を偶然発見したことで促された。私は、命令だけではなく、オタワのこともほとんど忘れてしまっていた。こまごま詳細に記された指針の束を再びぱらぱらめくっているうちに、自分が職責放棄の罪を犯していることに気がついたというわけだ。

命令には、最初の仕事はオオカミに関する統計調査並びに概括的な調査を遂行すること、続いて、オオカミとカリブーの間の捕食者―被捕食者の関係を集中的に研究すること、とはっきり述べられている。とすれば、オオカミの習性や社会行動を研究することは、私の任務が依るべき準拠枠から明確にはずれている。そこである朝、小さなテントをたたみ、望遠鏡を梱包《こんぽう》して、観察拠点を閉鎖した。

翌日、オーテクと私はカヌーにキャンプ道具を積みこんで北に向かい、ツンドラ平原を越える航海に出発した。

その後の数週間、私たちは数百キロを旅行し、オオカミの個体数と、オオカミ―カリブー＝捕食者―被捕食者関係に関するたくさんの情報を収集した。加えて、省の目的には関係なかったけれど、まったく無視してしまうことのできないたくさんの関連情報も手に入れた。

すでに、通常の罠猟師、交易商人から得た情報によって作られた資料にもとづくキーワティン地方のオオカミ生息数に関する準公式統計が当局によって公表され、三万頭と推定されていた。おおまかに計算しただけで、平均十五平方キロ当たり一頭という数になる。もしも、ツンドラ平原の三分の一は水面下にあり、ほかの三分の一は岩に覆われた不毛の丘陵地で、カリブーもオオカミもほかのたいていの動物も生活していくことができないという事実を勘定に入れるなら、生息密度はおおよそ五平方キロ当たり一頭という数値に跳ねあがる。

かなりの高密度だ。実際、もしもそれが事実だとするなら、オーテクも私も、オオカミからの圧力で前進するのが困難になっていたはずだ。

理論家諸子にはお生憎ながら、私たちが見るところ、オオカミははるかに広く散らばって家族集団を形成している。しかも、それぞれの家族は二百五十ないし七百平方キロの縄張りを占有している。もっとも、分散の形は決して一定ではない。たとえば、ある場所で私たちは、二つの家族が互いに一キロ足らずの距離のところに巣穴を構えているのを確認した。オーテクは以前、カザン河近くのエスカーで、三頭の雌がそれぞれ子どもを抱え、互いに数メートルしか離れていない巣穴に棲んでいるのを目にしたことがあるという。それでも、テルウィアザ河に面した格好のオオカミ生息地を旅していて、三日間一度も足跡や糞《ふん》やオオカミの毛さえ見かけないときがあった。決して雇い主からお褒めの言葉を頂戴することにはならないだろうと思いつつ、不本意ながら私は、生息推定数を三千に下方修正しなければならなかった。おそらくその数でも、とてつもない誇張であるという咎《とが》めを免れないだろう。

私たちが出会った家族は、二頭のおとなと三頭の子どもという組み合わせから、七頭のおとなと十頭の子どもの集団まで、さまざまな大きさだった。最小の一例を除くすべての事例で、つがいの夫婦以外に別のおとなが加わっていた。オオカミを殺して調べる以外（たとえそうやっても、年齢と性別しかわからないのだが）彼らの血縁関係については何も知ることができないので、ここでもまた、オーテクからの情報に頼ることにしよう。

彼によれば、雌のオオカミは二歳に達するまで出産しないし、雄は三歳になるまで子どもを作らない。繁殖可能年齢に達するまで、若者たちのほとんどは両親のもとにとどまる。しかし、家族をもつことができる年齢に達しても、しばしば家屋敷の不足によって独立が妨げられる。単純に、すべての雌に子どもを育てる資産を提供できるほど、十分狩りの縄張りがあるわけではないということだ。土地が維持していける収容能力数を超えたオオカミは、餌食となる動物の急速な減少を意味している。必然的にもたらされるオオカミ自身の飢餓によって、自己規制による産児制限に等しい結果がもたらされる。縄張りが手に入るまで、あるオオカミは何年間も独身のままでいるかもしれない。といっても、激しく愛を求める期間は短いので（年間、およそ三週間にすぎない）、おそらく、これらの独身男性や未婚女性たちはそれほど性的な剝奪感《はくだつかん》に苛《さいな》まれることはないのだろう。しかも、家庭生活に対する願望、子どもたちとの関係を求める願望、ほかのおとなたちとの仲間関係に対する願望は、明らかに、家族集団の共同体的性質によって満たされるようだ。オーテクは、実際あるオオカミは「おじさん」や「おばさん」の立場の方を好んでいると信じている。親としての責任を背負いこむことなく、家族を養うことに関わっていく喜びを得ることができるからだ。

年寄りのオオカミ、特に連れ合いを亡くしたオオカミたちもまた、独身のままでいる場合が多い。オーテクは、十六年間毎年出会ってきたオオカミについて話してくれた。そのうち最初の六年間は、オオカミは毎年新しく生まれる子どもたちの父親になった。七年目の冬、妻が姿を消した。多分、報奨金目あての南部の猟師が仕掛けた毒のためだろう。次の春、彼は昔の巣穴に戻ってきた。しかし、巣穴でその年育てられた一腹《ひとはら》の子どもたちは、別のオオカミの子どもだった。オーテクの考えでは、多分、彼の息子と義理の娘の間に生まれた子どもたちだ。いずれにせよ、年とったオオカミは、子どもたちを食べさせていく仕事は分担しつづけても、残りの生涯、世帯の中心からははずれた立場にとどまった。

オオカミが入手できる家屋敷は決まった数量しかないという事実とは別に、彼らが増えることは、体内に組みこまれた産児制限メカニズムによっても抑制されている。食料となる動物が豊富なとき、あるいは、オオカミの数がわずかなとき、雌は一腹で多くの子どもを産む。たとえば、八頭といった具合だ。しかし、オオカミの数が多すぎるとき、あるいは、食料が少ないときには、一回の出産数は一頭あるいは二頭にまで減少する。このことは、ケアシノスリ〔タカ科ノスリ属の大型のタカ〕といった、北極圏に棲むほかの動物にもあてはまる。小さな哺乳《ほにゅう》類の数が多い年には、ケアシノスリは一回に五個か六個の卵を産む。しかし、野ネズミやレミングが少なくなると一個しか卵を産まなかったり、あるいはまったく産まなくなる。

ほかの抑制要因が作用しない場合、伝染病もまた、オオカミの餌になる動物が個体数を維持していくことができなくなるほど、オオカミの数が多くなりすぎないよう調節する決定的な要素になる。全般的な均衡が破れる稀な状況（しばしばそうした状況は、人間の介入によってもたらされる）では、オオカミが多すぎると食料が乏しくなり、栄養不足は早々飢餓状態にまで進展し、オオカミは体力的に弱体化する。そうすると、荒廃をもたらす狂犬病、ジステンパー、介癬《かいせん》といった伝染病が決まってオオカミの間に蔓延《まんえん》し、即座にその数は、かろうじて生存可能なレベルにまで減少する。

北極圏カナダでは、レミング生息数が四年周期で頂点とほとんどゼロの間を変動する。一九四六年は、レミング数がそうした周期の最小期にあたっていた。それと平行してその年、すでに激減していたキーワティン地方のカリブーの群れ*が、何年間も続いていた移動習性を変え、大多数が中部キーワティン南部を迂回してしまった。そこで暮らすイヌイットにとっても、オオカミやキツネにとっても、悲惨な年だった。飢餓が大地を覆い、潜伏していた狂犬病ウイルスがまたたく間に飢えたキツネの間に広がり、オオカミたちにも感染した。

ところで、狂犬病にかかった動物は、言葉通りの意味で「気が狂う」わけではない。神経組織が冒され、常軌を逸して行動の予想がつかなくなる。動物自身、恐怖心によって守られているはずの保身の術を失ってしまう。狂犬病に罹《かか》ったオオカミは、時として走る自動車や列車に向かってそのまま突っこんで行ってしまったり、また、ハスキー犬の一団によろよろと入りこみ八つ裂きにされたりする。また、稀にではあるけれど、村の通りにさまよい出たり、人間が住んでいるテントや家に入りこむことさえある。そうしたほとんど死に瀕した病気のオオカミは、哀れむべき対象といえる。しかし、彼らに対する人間の反応は、通常、おさえきれない恐怖でしかない。狂犬病と認知されることは稀だから、それは、病気への恐怖というよりオオカミそのものに対する恐怖といっていい。そんななかで、狡猾《こうかつ》で危険なオオカミという一般的な神話を裏書きするグロテスクな事件が起こる。

一九四六年に伝染病が流行したとき、病気で死にかけたそんなオオカミがチャーチルの町に姿を現わした。ビアホールでの集まりを終えて兵舎に向かうカナダ軍伍長にとって、それは初めてのオオカミとの遭遇だった。伍長の報告によると、巨大なオオカミが殺気をみなぎらせて彼に飛びかかり、彼は衛兵宿舎までの一キロ半を走って逃げ、すんでのところで命拾いをしたという。恐怖の体験の肉体的な証拠を示すことはできなかったけれど、精神的な傷は確かに深かった。そして、彼の警告は、軍隊駐屯地全体をほとんどヒステリーに近い恐慌状態に追いこんだ。アメリカとカナダの分遣隊がともに動員され、間もなく、ライフルやカービン銃〔しばしば騎兵が使用した銃身の短い銃〕で武装し、照明灯を手にした恐ろしい形相の男たちが、脅威に対処するため辺り一帯の捜索を開始した。数時間のうちに、恐怖の対象は飢えたオオカミの一団にまで成長していた。

それに続く大騒動の中で、十一頭のハスキー犬のほか、アメリカ陸軍の兵隊一人と、夜更けに家路をたどっていたチペワ・インディアン〔主としてハドソン湾周辺の北極地域に住む先住民〕が犠牲になった。オオカミの、ではない。自警団員たちの手によって。

二日間、子どもも女性も家から出なかった。軍隊駐屯地でも歩兵の姿はほとんど消え、遠くの建物に用のある男たちはジープで行くか、しっかり武装するか、さもなければ行くのをとりやめた。

二日目、狩り出しに加わった軍用機の光がオオカミの影をちらりととらえ、勇猛果敢なカナダ騎馬警察隊の一隊が出撃した。しかし、その時のオオカミは、ハドソン湾会社〔十七世紀以来、北アメリカ大陸北部の毛皮交易などに関わったイギリスの国策会社〕の管理人が飼っているコッカー・スパニエルだと判明した。

恐慌状態がやっと収まったのは、三日目のことだった。午後遅く、軍隊所属の六トン積みトラックの運転手が飛行場から隊に戻る途中、前方の路上に毛皮の固まりを発見し、急いでブレーキをかけたが間にあわなかった。その頃にはひどく病に侵され、もはや動くことさえできなかったオオカミは、無惨に殺された。

その後の成り行きも興味深い。今でもなお、待ってましたとばかりにすぐさま一九四六年のオオカミによるチャーチル侵略の話を始めるチャーチル住民（加えて、疑いなく、大陸中に散らばったたくさんの兵隊たち）がいる。彼らはみな、一人ひとりがオオカミと遭遇した絶望的な状況、襲われた女性や子ども、ぼろ切れのようにずたずたにされた犬橇のチーム、籠城生活を強いられた人間社会について語ってくれるだろう。そこに欠けているものといったら、凍った原野を逃走する北アメリカ版ロシアのトロイカの最後を物語る、いかにも芝居じみた記述だけだ。平原にはオオカミの群れが波のようにあふれ、北極の夜のしじまにオオカミの顎が人間の骨をバリバリ噛み砕く音が響きわたる、といったふうな。

原註
＊カナダのカリブー生息数は、一九三〇年の四百万頭から一九六二年の十七万頭にまで減少した。

19 裸での追跡

ツンドラ平原を歩きまわった数週間はのどかだった。おおむね天気はよく、はてしない大地からくる開放感が、私たちが送る日々のさまざまな生活と同じくらい爽やかだった。

新しいオオカミ家族の縄張りに入りこんだことに気がつくと、私たちはテントを張り、集団と知り合いになるのに必要な期間、周囲の草原を探索した。何もない平原の広大さにもかかわらず、私たちは決して孤独ではなかった。常に、カリブーが一緒にいた。それに連れ添うセグロカモメやワタリガラスの群れとともにカリブーたちがふりまく気配がなかったら、光景は荒涼としたものになっていただろう。

この大地は、カリブーやオオカミや鳥たちや小さな獣たちのものだ。私たち二人は、行きあたりばったりの、取るに足らない闖入者《ちんにゅうしゃ》にすぎない。かつてこれまで、人間が不毛のバーレン地帯を支配したことなどなかったのだ。そこを縄張りとしていたイヌイットたちもまた、大地との調和の中で暮らしていた。内陸に暮らすイヌイットは、今ではほとんど姿を消している。オーテクが属する四十人くらいの小さな集団が内陸部に暮らす最後の人々で、彼らもすべて、広大な原生自然の中に飲みこまれているにすぎない。

ほかの人間に出会ったのは、たった一度だけ。ある朝、その日の旅を始めて間もなく、曲がりくねった河をまわったところでオーテクが突然オールをあげ、大声で叫んだ。前方の陸地に、うずくまるように革のテントが張られている。オーテクの叫び声に、二人の男と、一人の女と、まだ若い三人の少年がかたまってテントから飛び出し、近づいてくる私たちを迎えに岸辺に走ってきた。

上陸して、オーテクがみんなを紹介してくれた。彼と同じ部族の一家族だという。その日の午後いっぱい、私たちは腰を下ろしてお茶を飲み、噂話をし、笑い、歌い、山のようなカリブーの茹《ゆ》で肉を食べながら過ごした。その夜、眠りにつきながらオーテクが語ってくれたところによると、彼らがその地点に野営地を設けたのは、そこから数マイル下流の川幅が狭まっている場所でカリブーは河を渡り、それを狙って狩りをするのにちょうどよい場所だったからだという。一人用のカヤックを漕《こ》ぎながら、短いヤスを武器に男たちは河を渡る脂肪の乗ったカリブーを殺し、冬を越すのに十分な肉を蓄えたいと願っていた。オーテクは、私さえかまわなければ二、三日そこにとどまり、猟に加わって友達を手伝いたいと思っていた。

私に異存はない。翌朝、すばらしい八月の日がな一日ひなたぼっこをして過ごそうという私を残し、三人の男たちは出かけて行った。

ハエの季節は終わっている。暑くて、風もない。私はせっかくの好天だし、ひと泳ぎして青白い肌に太陽を浴びようと思った。そこで、イヌイットのキャンプから数百メートル離れ（謙虚さは、時として捨て去られることはあっても、原生自然の中でさえ人間が最後まで保持する文明の声である）、裸になり、泳ぎ、それから近くの丘の背に登って横になり、日光浴をした。

オオカミのように、時々顔をあげて辺りを見まわしていると、正午頃、隣の丘の頂を横切って北に向かう一団のオオカミが目に入った。

三頭のオオカミで、一頭は白く、残りの二頭はほとんど真っ黒い。珍しい色合いだ。みんなおとなで、中の黒い一頭はほかの二頭より小さく軽そうだ。おそらく、雌だろう。

私は途方に暮れた。服は離れた岸辺においてある。今いるところには、ゴム長靴と双眼鏡しか持ってきていない。服をとりに戻れば、きっとオオカミたちを見失ってしまうに違いない。いずれにせよ、こんな日に服などいるだろうか。私はそう思った。すでにオオカミたちは隣の頂から姿を消そうとしている。そこで私は、双眼鏡をつかんでそのまま彼らを追いかけた。

辺り一帯、小さな谷間で隔てられた低い丘が迷路のように続いている。谷間の底には、敷きつめたように草の生えた湿地帯が広がり、南に向かうカリブーが小さな集団に分かれてゆっくり草を食べていた。私には理想的な地形だ。オオカミが順番に谷間を横切って行くのを丘の上から見張ることができる。彼らが次の丘の陰に入って視界から消えたら、走って後を追えばいい。彼らが谷間を横切って行くのが見える高みにたどり着くときまで、姿を見られる恐れもない。

興奮と運動で汗をかきながら、油断しているカリブーのところに突然オオカミが駆け下り、血を沸き立たせるような場面が丘の反対側で展開するのを予想しながら、私はまっすぐ北側の最初の丘に向かった。しかし、そこに着くと、自分が見下ろしているのがまったく平和な光景であることがわかり、拍子抜けしてしまった。五十頭ほどの雄のカリブーが三頭から十頭の群れに分かれて散らばり、忙しそうに草を食べている。オオカミたちにしても、カリブーに対して、岩に対する興味以上の興味など抱いていないかのようにのんびり谷間を横切って行く。カリブーの方は、どんな脅威にもまったく気づいていないらしい。家畜たちの間を農場の飼い犬が三頭通り抜けたとして、反応はカリブーの間を行くオオカミたちと同じだろう。

どこか間違っている。ここにはオオカミの群れがいて、たくさんのカリブーに囲まれているのだ。互いにはっきり相手の存在に気づいていて、それにもかかわらず、心を騒がせているようすもないし、たいして関心があるようにさえ見えない。

容易に信じられない気分で、私は、横になって胃袋におさめた草を噛み直している二頭の若い雄から五十メートルも離れていないところを、三頭のオオカミが小走りに通り過ぎるのを見つめていた。

若い雄は頭をめぐらしてオオカミが通り過ぎるのを見ているだけで、立ちあがりも、顎を動かすのをやめもしない。オオカミを歯牙にもかけない彼らの尊大さときたら、途方もないほどだ。

二頭のオオカミが、カリブーを無視し、カリブーに無視されながら、草を食べている二つの小さな群れの間を通り抜けた。オオカミが斜面を駆け上り、次の頂の背後に隠れるのを追って私も尾根にたどり着いたとき、ますます当惑した。オオカミの存在にあれほど無頓着だったカリブーの二頭の雄が飛び起きて、荒々しい驚きの目で私を見つめている。彼らの横を駆け足で通り過ぎると、頭をつき出し、疑わしそうに鼻を鳴らし、それから、まるで悪魔に追いかけられでもしたかのように踵《きびす》をめぐらし足早に離れて行くではないか。オオカミにはあんなに慣れっこでいながら私にびっくりするとは、まったく不公平な感じがする。それでも私は、彼らの恐慌は、長靴と双眼鏡を身につけただけで一心不乱に駆け抜けて行く、幾分ピンク色をした白人という見慣れぬ光景のせいだと考えて、自分を慰めた。

次の頂を越えたとき、私はほとんどオオカミたちにつっこみそうになった。彼らは目の前の斜面に小さく固まり、しっぽを振り、さかんに鼻で嗅ぎあい、社交的な幕間劇の真っ最中だった。私は岩陰に飛びこむと、しばらくそのまま待っていた。少しすると、白いオオカミが再び出発し、二頭がそれに続く。まったく急いでいるようすはない。たくさんのカリブーが草を食《は》んでいる谷間の底に向かって斜面を下りながら、一頭ずつかなり勝手に歩いていた。何度か、一頭、また一頭と、苔の固まりのところに止まっては匂いを嗅ぎ、勝手に何かを調べてまわっている。谷底に着くと三十メートルほど離れて一列に横に並び、そのままの形で時々向きを変えながら、早足で進んで行く。

何かしら特異な反応を示すのは、オオカミのすぐ前にいるカリブーだけだ。オオカミが五十ないし六十メートル以内に近づくと、鼻を鳴らし、後ろ足から立ちあがり、オオカミの通り道からはずれてどちらかの側に飛び退く。何メートルか走るだけで、彼らのある者はふり返り、オオカミが通り過ぎて行くのを落ち着いたようすで見守るだけだ。たいていは、それ以上オオカミを見ることもなく、また草を食べはじめる。

一時間ほどの間、オオカミと私は五キロか六キロ進み、多分、四百頭ほどのカリブーのすぐ近くを通り抜けた。どの場合も、カリブーたちの反応は同じようなものだった。オオカミとの間にある程度の距離があるかぎり、いっこうに興味を示さない。オオカミがごくごく近くまでやって来ると、何気ないようすで注意を向け、衝突しそうなときにだけ、それを避けようと何かをする。わっと逃げ出すことも、恐慌に陥ることもなかった。

その地点まで、私たちが出会ったのはほとんど雄のカリブーだった。しかし、しだいにたくさんの雌や子どもに会いはじめると、オオカミたちの行動が変わってきた。

なかの一頭が、一頭だけ離れていた子どものカリブーをヤナギが茂る隠れ家から追い立てた。子どもはオオカミの目の前、六メートルも離れていない場所に飛び出し、オオカミは一瞬止まってそれを見た後で、すぐに追跡を始めた。とうとう殺しの現場を見ることができる。私の心臓が興奮でドキドキしはじめる。

ところが、そうはならなかった。オオカミは五十メートルほど思いきり走っただけで突然追跡をやめ、子どもを捕まえることなく小走りに仲間のところに戻って行くではないか。

まったく自分の目を信じることができなかった。あの子どものカリブーは死の運命に直面していたはずで、実際オオカミにまつわる評判の十分の一でもあてはまっていれば、当然そうなっていたはずだ。しかも、その後一時間の間に少なくとも十二回、三頭のオオカミがそれぞれ別々に子どもや、子ども連れの雌や、子どもと雌の群れを追跡して、どの場合もすべてあわやこれからというところで追跡をやめてしまったのだ。

猛烈に腹が立ちはじめた。私はオオカミの群れがばかげた冗談を演じるのを見ようと、平原を十キロも走り、くたびれはてたわけではない。

オオカミたちが次の谷間を離れ、さらに遠くの丘陵に向かったとき、私は血走った目で彼らに迫って行った。何をしようとしていたのか、自分でも定かではない。おそらく、どうやってやればいいのか無能な獣たちに見せてやろうと、自分でカリブーの子どもを追いかけようとしていたのかもしれない。いずれにせよ、私は尾根に突進し、オオカミの群れの真ん中に突入した。

彼らは一息つこうと休んでいたのだろう。そこに、弾丸のように飛びこんで行ったのだ。群れがばらけた。オオカミたちは、耳を寝かせ、しっぽをまっすぐ伸ばし、全速力でそれぞれの方向に散らばった。びっくりして駆け出し、点在していたカリブーの群れの中を駆け抜けると、カリブーたちもとうとう反応し、午後中ずっと目撃するのを期待していた、恐怖に駆られた動物たちの逃走がどうやら現実のものとなった。ただし、痛みをもって悟ったのは、その責任を負うべきは、オオカミたちではなく、私、だという事実だった。

私はあきらめ、家路についた。キャンプから数キロのところまで来たときだ。何人かの人影が自分の方に向かって走ってくるのが見える。私は、それがイヌイットの女性と三人の子どもたちであることに気がついた。みんな、何か知らない恐怖にとらわれ、ぼうっとなっているように見える。全員叫び声をあげ、女性は六十センチもある雪切り用のナイフ〔雪の家を作るために四角い雪を切り出すナイフ〕を振りかざし、三人の子どもたちはシカつき用のヤスと皮はぎ用のナイフを振りまわしている。

私はしばし当惑して立ち止まった。その時初めて、遅ればせながら自分の状態に気がついた。武器を持っていないだけではなく、真っ裸なのだ。攻撃を迎え撃つような状況ではない。何がイヌイットたちをそれほど興奮させたのかまったく見当がつかなかったけれど、事態は差し迫っているようだ。慎重さこそ勇猛さのよき一部のように思える。そこで私は、疲れた筋肉を伸ばし、思いきり疾走してイヌイットたちから身を避けた。うまくいった。けれど、彼らは依然勝負をあきらめず、追跡はほとんどキャンプ地に戻るまで続いた。キャンプに着くや私はズボンを引っぱり出して身につけ、ライフルを手にすると大切な命を守る態勢を調えた。女性と憤った連中が私を襲おうとしたちょうどその時、幸いオーテクと男たちがキャンプに戻ってきて、戦闘は回避された。

しばらく後、一段落してからオーテクが事情を説明してくれた。子どもの一人が木の実を摘んでいて、裸の私が丘を越えてオオカミを追いかけて行くのを目撃したそうだ。目を丸くした彼は急いで駆け戻り、母親にこの光景を報告した。勇敢な魂をもった母親は、私の気が触れ（イヌイットたちは、どんな白人もほとんど気が変で、あとほんの少し先にいくだけで本当の狂気にいたると信じている）、オオカミの群れを、素手で、しかも素裸で襲撃しようとしていると思った。家族を呼び集め、手近の武器をつかみ、全速力で私の救援に駆けつけたというわけだ。

そこでの滞在期間中、このよき女性は私を心遣いと不信が周到に入り交じったやり方で遇したので、彼女にさよならを告げたときは心底ほっとした。とはいえ、河を下り、小さなキャンプが視界から消え去りそうになったときのオーテクの論評は、大いに楽しむわけにはいかなかった。

彼は、いかめしい口調でこう言ったのだ。「あんたがズボンを脱いだのはまずかった。そのままはいていたら、彼女、あんたのことがもっと好きだったと思うよ」

20　カリブーのからだの中の虫

イヌイット・キャンプで目にしたオオカミの群れの、まったく説明がつかない行動についてオーテクに説明を求めると、いつも通り忍耐強く親切に、一生懸命私の間違いを正してくれた。

まず彼は、健康な雄のカリブーは簡単にオオカミから走って逃げられるし、生後三週間の子どもでも、特別足の速いオオカミ以外なら逃げきることができる、と言った。カリブーは完璧にこのことを知っていて、事態がいつもと同じなら、オオカミを恐れる必要などほとんどない。オオカミの方だって、ちゃんとそのことは心得ている。きわめて賢いから、雄の健康なカリブーを追いかけても意味のない無駄な努力だということをきちんとわきまえていて、追いかけようと試みることさえめったにない。

オーテクによれば、オオカミはその代わり、通常の状態より弱いカリブーを見つけ出すために、カリブーの健康状態やおおよその状況を調べる体系的な技術を採用した。カリブーがたくさんいる場合、病気や怪我をしていたり何かほかの不利な条件を抱えたカリブーがいること、あるいはいないことを知るのに必要な距離だけ、ほんの少し群れを追いかけ、走らせる。もしもそうした個体が見つかれば、オオカミはそれに近づいて、殺そうとする。そんな動物がいないようなら、追うのをすぐにやめ、ほかの群れを試しに行く。

カリブーがなかなか見つからないときは、別の方法を使う。何頭かのオオカミが一致団結して行動し、カリブーの小さな群れを別のオオカミが待ち伏せしている場所に駆り立てる。あるいは、カリブーがもっと少ししかいない場合には、リレー方式を使うこともある。一頭のオオカミが、ある程度離れて待っている別のオオカミの方向にカリブーを追って行く。そこで、次のオオカミが追跡を引き継ぐ。もちろん、こうした技術でカリブーの自然の有利さを幾分克服できたとしても、それでもなお、通常オオカミが追跡の標的に選ぶのは最も弱い個体か、何らかの欠陥をもったカリブーだ。

オーテクは続ける。「ずっと前話した通りだ。カリブーはオオカミに食べ物を供給する。しかし、カリブーの強さを保っているのはオオカミだ。もしもオオカミがいなければ、カリブーもいなくなってしまうだろうってことを、みんな知っている。カリブーの間に弱さが広がるからだ」

オーテクはまた、一度カリブーを殺すと、食料がすっかりなくなり空腹のためどうしても狩りが必要になるときまで、オオカミはそれ以上狩りをしないことも強調した。

こうした事柄は、オオカミは何でも捕まえることができるだけではなく、飽くことのない血の渇望に動かされ、視界に入ってくるものすべてを殺戮《さつりく》すると教えられてきた者にとっては、新奇な考えだ。その後に観察したオオカミの狩りも、ほとんど私が最初に目にしたのと同じパターンに従っていた。一頭ないし最大で八頭のハンターたちが、急ぐようすもなく、「死をもたらす敵」の存在に大した関心も示さず散らばっているカリブーの群れの間を小走りで行くのが観察された。時々、一頭、あるいは、時として二、三頭のオオカミが進行の列からはずれ、近くのカリブーにつっかかって行く。カリブーは攻撃者が約百メートル以内に近づくと、やっと頭をあげ、軽蔑するように足早に離れて行く。オオカミは立ち止まり、カリブーが去って行くのを眺めている。走り方がしっかりしていて明らかに健康そうなら、オオカミは向きを変え、そのまま通り過ぎる。

このテストは決して偶然的なものではなく、私にも選択のパターンが見えはじめた。一夏中食べて寝て、最高の状態にいる有力な雄のカリブーの群れをオオカミがわざわざ試してみることは、めったにない。大きく広がったカリブーの角は武器としては役に立たないから、雄のカリブーが危険な相手だというのではない。単に、オオカミが彼らに追いつく可能性が低く、彼ら自身それを知っているからだ。

雌と子どもが交じった群れの方に、オオカミはもっと関心を寄せる。というのは、怪我をしていたり、からだに故障や欠陥のある個体は、当然、過酷な自然淘汰の時期を長く経ていない子どもたちの間に多いからだ。

年老いたカリブーや不妊のカリブーも、オオカミが好んで試してみる標的だった。時として、こうした老年の個体や弱い個体は、優良で強健な動物の間にまぎれこんでいるかもしれない。しかし、自分たちのことと同じくらい詳しくカリブーのことを知っているオオカミは、常に、私の目にはあきれるほど健康で行動的に見える一団からそうした動物を探し出した。

子どもはおとなたちより厳しい試験にさらされ、二、三百メートルくらい追跡される。しかし、若者がその距離で弱さや疲労の気配を示さないかぎり、通常は見逃される。

労力の節約こそオオカミの行動指針らしく、明らかに理にかなっている。捕獲に適した虚弱なカリブーに出会うまで、試験の過程はしばしば何時間にも及ぶことがあるからだ。

いったんそうした個体が選び出されると、狩りは新たな展開を迎える。攻撃をするオオカミは長い探索の間保持してきたエネルギーを思いきり発散し、見事なスピードとパワーの高まりのなかで餌食を追い、運がよければ、疾走するカリブーの背後に迫る。ついに恐慌に陥ったカリブーは狂ったようにジグザグに走りはじめる。私から見れば、オオカミは常に近道をとってより素早く距離を縮めることができるから、これはばかげたやり方に思えた。

さらに、これもまたオオカミ神話の教えに反し、オオカミがカリブーの後ろ足の腱に嚙みついて倒そうとしたのを、私は見たことがない。力をふりしぼり、オオカミは徐々にカリブーの横に並び、肩に飛びつく。その衝撃でカリブーはバランスを崩し、立ち直ろうとするところをオオカミは首の後ろに噛みついて引き倒す。激しく打ちつける蹄《ひづめ》を避けるようにしなければ、オオカミの肋骨は壊れやすいキャンディーのように穴をあけられてしまうだろう。

殺しは素早く、そして普通はきれいに、おそらくそれほど大きな苦痛もなく行なわれる。

オオカミは、決して楽しみのために殺したりしない。その点が、おそらく人間とオオカミを隔てる大きな違いのひとつだ。オオカミにとって、大型獣を殺すことは大変な仕事だ。狩りは一晩中かかり、八十キロも百キロも歩いてやっと達成される成果かもしれない。しかも、成功するとして、の話だ。狩りは勤めであり、仕事であり、いったん自分や家族のために十分な肉を得てしまえば、むしろ残りの時間は休んだり、仲間づきあいをしたり、遊んだりする方を選ぶ。

これもまた別の誤解に反し、めったにない好機が訪れたときでさえ、自分たちが利用できる以上の獲物をオオカミが殺すことを示すどんな確実な証拠もない。巣穴で子どもを育てる時期には、しとめた獲物のところに何度も繰り返し舞い戻り、肉は最後のひとかけらまでそぎ落とされる。しばしば、カモメやワタリガラスやキツネなど残肉をあさる連中がたくさんいるような場合には、オオカミは死体を解体し、その一部を殺しの現場からかなり離れたところに埋めたりするだろう。巣穴での子育ての季節が終わり、家族全員で自由に縄張り内を徘徊できるようになると、群れは獲物を殺した場所にそのまま野営し、すっかりそれを消費しつくすまでその場所にとどまる。

オオカミが殺して食べ終えた後のカリブーを六十七例調べたところ、骨、靭帯《じんたい》、毛、そのほかのくず以外ほとんど何も残っていなかった。たいていの場合、大きな骨さえ骨髄の中身を食べるため砕かれ、時には頭蓋骨まで嚙み砕かれていた。オオカミにだって、手強い仕事だ。

別の興味深い点は、こうしたカリブーの死体のほんのわずかな残存物からでも、病気や深刻な衰弱の証拠が得られる点だ。骨の変形、特に頭蓋骨組織の壊死《えし》による変形が広く見られた。また、多くの頭蓋骨に見られる歯の摩滅状態から、その多くが老齢の個体や衰弱した個体のものであることも判明した。丸ごと観察可能な新しい死体に遭遇することは難しい。それでも、殺されてほとんど間もないカリブーに出会ったことが何度かある。追い払えないほどのカモメにつきまとわれて、オオカミが放棄するなどしたものだ。そんな時のオオカミは、すごすごと、不幸な思いを味わっていたことだろう。カリブーのいくつかは、体内、体外の寄生虫にひどく侵された歩く動物園といった状態で、いずれにせよ遅かれ早かれ死ぬ運命にあるものだった。

夏の終わりの数週間の間に、オーテクの理論の正当性はますます明らかになってきた。カリブーを殺すことよりその保護においてオオカミが決定的に重要な役割を果たしている点は、私には議論の余地がないように思われた。とはいえ、私の雇い主たちにとっても同じように明白かどうかは何ともいえない。彼らを説得しようと思うなら、圧倒的な証拠、できれば、具体的な物的証拠が必要だ。

そのことが頭にあって、私は、オオカミに殺されたカリブーの死体から寄生虫を採集しはじめた。

いつも通りオーテクは、私の仕事の新しい展開に鋭い関心を示してくれた。といっても、ほんの短い間だけだったが。

記録に残されているかぎり昔から、彼も仲間の人々もカリブーを食べて暮らしていた。ほとんど生肉で、ほんのたまにしか料理をしない。火を焚《た》く燃料がないからだ。オーテク自身、離乳食からカリブーの肉だった。母親が半分嚙んでくれたもので、それ以来カリブーを主食としてきた。その結果カリブーの肉はあまりに当たり前で、今さら日々の糧《かて》に分析的な眼ざしを向けようなどという考えは浮かばなかった。解体したカリブーのいろいろな部分から私がさまざまな種類の何千という虫や包囊《ほうのう》を集めて記録するのを見て、彼はびっくりしてしまった。

ある朝、害虫に苦しめられた年とった雄のカリブーの死体を解体して調べていると、彼は冷静な、しかし魅惑されたようすで眺めていた。私はいつも、彼が私の研究の内容を理解してくれるように、自分が何をしているのか説明を試みる。この時も、寄生虫のテーマについてざっと説明してやるよい機会だと思った。カリブーの肝臓からゴルフボールほどもある囊状の包囊を引っぱり出しながら、私はそれがサナダムシの不活性形態で、もしも食肉動物がこれを食べると新しい宿主《しゅくしゅ》の腸の中で成長し、最終的には長さ十メートルもある分節をもった生き物に変化し、きちんと渦巻きになるのだと説明した。

オーテクは気分が悪くなったみたいに見えた。

「オオカミがそれを食べたら、ということか？」。そうあってほしい、というふうに彼が尋ねる。

「ナーク」。習い覚えたイヌイットの言葉を練習しながら、私は答えた。「キツネも、オオカミも、それに人間だって同じだ。何の中でだって育つ。もっとも、多分人間の中ではそれほどではないかもしれない」

オーテクは身震いして、胃袋のあたりが痒《かゆ》く感じられるとでもいうように掻きはじめた。

「幸い、俺は、肝臓は好きじゃない」。この事実を思い出したことで、大いにほっとしたように彼が言う。

「いや、この虫はカリブーのからだのどこからでも見つかる」。素人を啓蒙しようとする専門家の熱意で、私は説明した。「ここを見てみろ。しり肉のこの部分を見るんだ。白人はこれを『嚢虫』と呼ぶ。これは別の種類の虫の休息形態だ。人間の中で育つかどうかはわからない。でもこっちの方は……」。そう言いながら私は、ばらばらにした肺から二十五センチかそれ以上もある紐のような線虫をいくつか引き出して見せた。「これは、人間からも見つかる。実際、これがたくさんいれば、瞬く間に人間を窒息させて死なせてしまうほどだ」

オーテクは痙攣《けいれん》したように咳きこみ、マホガニー色の顔がまた青ざめてきた。

「もうたくさんだ」。再び呼吸を取り戻すと、彼は訴えるように言った。「これ以上そんなこと言ったら、俺はすぐに出て行ってキャンプに戻る。そこで一生懸命たくさん考えて、そしたらお前が言ったことを忘れてしまうだろう。お前は、親切じゃない。もしそれが本当なら、きっと俺は、カワウソみたいに魚だけ食べるか、そうでなきゃ飢えて死ぬかしなきゃならない。でも、多分それは、白人の冗談なんだろう?」

そう質問する切ない希望の声音《こわね》が、私を教授が味わう恍惚《こうこつ》から目覚めさせ、手遅れながら自分がその男に何をしたのか気づかせてくれた。

私は、ちょっとわざとらしく笑った。

「イーマ、オーテク。からかっただけだよ。ただの冗談さ。さあ、キャンプに戻って晩飯に大きなステーキを焼いてくれ。ただし……」。自分の意に反して私は、嘆願の響きをおさえることができなかった。「間違いなく、しっかり焼くんだ」

21 狩りの学校

九月半ばまでに、ツンドラ平原は朽ちた葉の小豆色と焦げ茶色の落ち着いた輝きの中で薄暗く燃え、すでに、早霜が低い灌木に覆われた大地に降りていた。ウルフハウス湾のまわりの苔《こけ》の湿原には、南へ向かうカリブーの群れによって新しい道が格子模様に作られ、オオカミの生活パターンも再び変化した。

子どもたちは、夏の巣穴を離れていた。アンジェリンや二頭の雄の長時間の狩りについて行くことはできなかったけれど、短い探検には同行できるようになっていたし、実際一緒について行った。彼らは、自分たち自身の世界を探索しはじめた。そうした秋の数か月は、彼らの生涯で最も幸福な時期であるに違いない。

オーテクと私が平原中部の旅行を終えてウルフハウス湾に戻ってきたとき、私たちのオオカミ家族は縄張りいっぱいに広がり、狩りが可能なところならどこへでも出向いて日々を過ごしていた。

肉体的な能力や人間ゆえの要求によって課せられた制限のなかで、私は、自分もそうやって歩きまわる生活を共有しようと努めたし、また、大いにそれを楽しんだ。ハエは姿を消していた。時々夜霜が降りたけれど、通常、日中は晴れた青空の下で暖かかった。

そんな暖かい晴れた日、私は巣穴のあるエスカーを出発し、南へ向かうカリブーの群れがハイウェイとして利用している大きな谷間を見渡す丘陵地帯の尾根沿いを北に向かった。

谷間の上空には、一面の青の中に、小さな鳥の影が煤《すす》の斑点のように浮かんでいる。あちこちのライチョウの家族が、低い灌木の茂みから私に向かって鳴きかける。遠くへの旅立ちの用意をほとんど調えたコオリガモが、ツンドラの池で小さな渦を描いている。

眼下の谷間には、カリブーの緩やかな流れがうねっていた。群れまた群れが、自分たち自身意識することなく、しかし、知識とは何かを人間が知るようになるよりはるか古くから伝わる知識に直接促され、草を食べながら南に向かって行く。

エスカーから数キロの谷間を見下ろす高い崖の頂上のくぼみに、私はちょうどよい場所を見つけた。ごつごつした、しかし太陽で暖まった岩肌に背中を預け、膝頭を顎の下に抱えこみ、くつろいでからだを落ち着ける。そうやって、双眼鏡を眼下の生き物たちの流れに据えた。

私は、その場にオオカミたちが現われてくれないかと期待していた。そして、オオカミたちは、私の期待を裏切らなかった。正午少し前、二頭のオオカミが、少し北の方向で谷間の真ん中を横断するようにそびえた小さな山脈の尾根に姿を現わした。間もなく、もう二頭のおとなと四頭の子どもが視界に入ってきた。しばらくはしゃぎまわり、さかんに匂いを嗅ぎあったりしっぽを振ったりしあった後、たいていは横になってくつろぎ、何頭かは、尾根の両側の、自分たちからわずか百メートルほどしか離れていない場所を流れ過ぎて行くカリブーの群れをぼんやり眺めながら座っていた。

アンジェリンとジョージの姿は、容易に見分けることができる。残りの二頭のうちの一頭は、アルバートおじさんのように見える。しかし、四番目の、足がひょろ長く濃い灰色のやせた一頭は、初めて見るオオカミだった。その後も私は、彼が誰でどこから来たのか、ついにわからなかった。しかし、私がそこにいた残りの期間中、彼は群れの一員にとどまったままだった。

すべてのオオカミのうち、というより、じつのところカリブーや私を含むその場のすべての動物のなかで、ジョージだけがさかんに動きまわりたそうなようすだった。残りの私たちは、満ち足りた気持ちで太陽の下に寝そべったり、苔の間で気だるそうに草を食べたりしている。それなのに、ジョージは、尾根の背を落ち着かなさそうに行ったり来たりしはじめた。一度か二度、アンジェリンの前に止まったけれど、アンジェリンはしっぽをおっくうそうに二、三度パタパタ動かすだけで注意を払わない。

ぼんやりとした目で私は、オオカミたちが休んでいる峰の方向に向かって、一頭の雌のカリブーが草を食べながら登って行くのを眺めていた。明らかに、豊かな苔のひと叢《むら》を見つけたようすだ。オオカミの姿は目に入っていたに違いない。それでも、子どものオオカミの一頭から二十メートルも離れていないところに近づくまで草を食べつづけている。嬉しいことに、注意深くカリブーを見つめていたその子どもが立ちあがった。しかし、家族の残りの者たちはどうしているのか、不安げなようすで肩越しに眺めるや、みんなの方に向きを変え、実際しっぽを両足の間に挟んでこそこそ逃げ戻ってしまった。

ゆっくりカリブーの方に近づき、その匂いを味わおうと鼻を伸ばした落ち着きのないジョージさえ、彼女の平安を乱したようには見えない。おそらく彼女の無関心さに威厳を傷つけられたからだろう、ジョージが彼女の方向に素早くフェイントをかけ、雌のカリブーが反応した。頭を高くもたげ、明らかに恐れてというよりは憤慨して、不格好な足でくるりと向きを変えると、まるでアヒルのようにドタドタ尾根を下って行った。

時が経ち、カリブーの群れの流れは続き、雌のカリブーとオオカミとの間のちょっとした幕間劇のほか、興奮するような見ものはないだろうと私は考えた。オオカミたちはすでにお腹がいっぱいで、いつもと同じ正餐《せいさん》の後の昼寝をしているだけだ。しかし、違っていた。ジョージには、何か思惑があったのだ。

三度目、ジョージが、今は横腹を下にからだを伸ばして横になっているアンジェリンのところに行き、今度は彼女の「いいえ」の返事にそのまま引き下がろうとはしなかった。彼が何と言ったのか、私には見当がつかない。しかし、要領を得たものだったに違いない。身を起こして立ちあがると、アンジェリンはからだをブルッと振り、飛びあがるように愛想よく彼の後ろに従った。ジョージは、まどろみの中にいるアルバートおじさんとよそ者の影の方に行って匂いを嗅いでいる。彼らもまたメッセージを受けとり、立ちあがった。新しい何かに加わるのに決して後れをとらない子どもたちも立ちあがり、走り寄っておとなたちに合流した。ざっと円を描き、鼻先を上にあげ、オオカミ全員が遠吠《とおぼ》えを始めた。巣穴のエスカーで狩りに行く前に行なっていたのと、まったく同じだった。

私は、彼らがそんな早い時間に狩りの準備をしていることに驚いた。しかしもっと驚いたのは、オオカミのコーラスにカリブーたちが何の反応も示さないことだ。声は聞こえているはずだ。なのに、ほとんどのカリブーは頭をあげようともしなかったし、大した興味もなさそうにほんの少し尾根の方に目を向けたものもごくわずかで、彼らもすぐにまた静かに草を食べはじめた。そのことを熟考している間はなかった。アンジェリンとアルバートとよそ者が出発した。子どもたちはさびしそうに後に残って頂に一列に並んで座り、ジョージがそのすぐ前に立っていた。子どもの一頭が三頭のおとなについて行こうとすると、ジョージがそれを遮り、子どもは急いで兄弟姉妹たちのところに戻って行く。

南からほんのわずかに風が吹き、三頭のオオカミはしっかり小さな固まりになって風上の方へ移動している。谷底のツンドラ平原に着くと、縦一列で早足になった。急ぎはしないけれど、すぐにいくつかのカリブーの群れの間を通り抜けた。いつも通り、カリブーたちには警戒するようすもなく、オオカミたちが自分にぶつかりそうなコースをとったとき以外、どれも逃げようとしない。

三頭のオオカミの方もまた、たくさんの子どもを含む小さな群れの脇を何度も通り過ぎたのに、カリブーに注意を払っていない。これらの集団を試すために素早く走ってみることもないし、ほとんど私がいる場所の下に来るまで、何かほかに目指すものでもあるみたいにまっすぐ進みつづけていた。そこまで来て、アンジェリンは止まって腰を下ろし、ほかの二頭もそれに習った。さかんに匂いを嗅ぎ、それからアンジェリンは立ちあがり、ジョージと子どもたちが座っている峰の方を向いた。

二つのオオカミ集団の間には少なくとも二百頭のカリブーがいて、谷間を横切る形の山脈の東側の肩の向こうには、次々に別のカリブーがやって来るのが見える。アンジェリンはそれらすべてを視野に収めたと見るや、仲間たちと一緒に動きはじめた。ほとんど谷間の幅全体を覆うように、互いに二、三百メートルの距離をとって横一列の形に広がると、今度は北に向かって走りはじめたのだ。

全力疾走ではない。しかし、彼らの動きには、カリブーにも認識できる何か新しい目的が感じられた。きっと、オオカミたちの隊形が、オオカミを避けるためにカリブーがどちらかに身をかわすというつものやり方を取りにくくさせたためだろう。いずれにせよ、一群れまた一群れ、カリブーは向きを変え、北へ動きはじめた。その結果、カリブーのほとんどが、今来たもとの方角へと押し戻されて行った。

明らかにカリブーたちはそちらへ戻りたくないようすで、いくつかの群れは意を決して列に逆らおうと試みている。しかし、そのたびに、その近くにいる二頭のオオカミが、強情に反抗しているカリブーのいる地点に寄って行き、彼らを無理矢理北へ押しやろうとする。といっても、三頭のオオカミだけで谷間の広さ全体をカバーすることはできない。カリブーは間もなく、開けた両側に旋回することで再び南への進行を続けられることを発見した。それでもなお、オオカミたちが山脈の近くまで行く頃には、少なくとも百頭のカリブーを目の前に囲いこんでいた。

こうなって初めて、カリブーたちは神経質な本当の不安の兆候を示しはじめた。百頭かそれ以上の動物がほとんどひとつの大きな固まりになっていたのが、その中で小さな群れに分かれはじめ、それぞれ別々の方向に走りはじめたのだ。いくつもの集団が次々に両側にそれはじめ、しかしオオカミは、もはやそれを妨げようとはしていない。オオカミは早足でこうした小さな群れの横を通り過ぎる。カリブーはいったん止まって一瞬警戒するだけで、それからまた遮られた南への旅を続行する。

オオカミが何をしようとしているのか、私にもわかりはじめた。今や彼らは、十数頭の雌と七頭の子どもの群れに注意を集中し、右でも左でも、この小さな群れが方向を転換しようとするあらゆる試みを即座に阻止している。カリブーは方向転換をあきらめたようで、追跡者を直線でふりきろうとする構えを見せた。

そうやってできないことはなかっただろうと思う。しかし、群れが山脈の肩のヤナギの茂みを駆け抜けようとしたとき、完璧なタイミングで別のオオカミの一団が側面からそれを攻撃するのが見えた。

遠く離れていたので、望むほど十分事態の推移をとらえることができない。しかし、ジョージと子どもたちが、二頭の子どもを連れた雌に向かって行くのが見える。まさに追いつこうというとき、ジョージが横にそれたのが目に入った。その脇を、灰色の弾丸のように二頭の子どものオオカミが通り抜けて行く。二頭が一番遅れた子どもに迫り、子どもはひらりと身をかわした。子どものオオカミの一頭が、急激な方向転換に足をとられ、頭からつっこんだ。それでもすぐに立ち直り、再び追跡を始める。

別の子どもたちの方はほかのカリブーたちと混ざりあってしまったらしく、どうなっているのか私のところからははっきりしない。しかし、カリブーの群れが速度をあげるにつれ、オオカミの子どもたちは後れをとりはじめているようで、全速力で走っても追いつけなかった。

一頭の子どものカリブーが、しだいに追跡者との距離を離しはじめている。四頭の子どものオオカミたちは依然そのまま走りつづけているけれど、もはや、どのカリブーにも追いつくチャンスはなさそうだ。

おとなのオオカミたちはいったいどうしたのだ？　望遠鏡をまわして彼らを探してみると、ジョージは最後に彼の姿を見た地点にそのまま立っていて、追跡の成り行きを見ながらゆっくりしっぽを振っている。ほかの三頭はすでに尾根に戻っていた。アルバートとよそ者は、しばしの働きを終えて横になって休んでいる。しかし、アンジェリンは、立ったまま、素早く退却して行くカリブーを眺めていた。

半時間ほどして、子どもたちが戻ってきた。すっかり疲れきり、のんびり横になって休んでいる年配者たちに合流しようと峰への斜面を登るのだが、それさえほとんどできないほどだ。やっとみんなに合流し、ぜいぜい喘《あえ》ぎながらばたりと倒れこんだ。おとなたちは誰も気にとめない。

その日の学校が終わったのだ。

22 糞便学《ふんべんがく》

知らぬ間に九月が十月に変わり、白夜が苔の原を包み、湖の表面を薄い氷が覆うようになった。すっかりとはいわないまでも半ばオオカミのように暮らし、一日中戸外で過ごすことができたらどんなに嬉しかっただろう。しかし、私に、オオカミの自由はなかった。科学的な些事の膨大な未処理項目に取り組むため、小屋で仕事をしなければならない。自分の時間は生きたオオカミの観察に使われるべきであるという原則（私自身の原則であって、雇い主のではない）に従い、私はわざとオタワに命じられた無数の周辺的な研究をおろそかにしてきていた。今や残された時間も少なくなり、少なくとも見かけだけでも権威への従順を示すべきだという気になったのだ。

私に課せられた枝葉の問題のひとつは、植生研究だった。それは、三つの部分からなっている。第一に、一定地域内のすべての植物種を採取しなければならない。続いて、「生育密度」を研究し、さまざまな植物それぞれの割合を算出しなければならない。そして最後に、「内容分析」を行ない、カリブーの観点から植物の栄養価値を確定することが期待されていた。

これらすべてを行なう時間は残っていないので、私は「生育密度」の研究に取り組むことで妥協することにした。

この研究は、ラウンケル〔デンマークの植物学者〕の輪という、地獄で作られた道具を使って行なわれる。ラウンケルの輪は、見かけはまったく単純で無邪気に見える大きな金属の輪以上のものではない。しかし、使ってみると、正気の人間を狂わせるために作られた悪魔のからくりであることがわかる。使い方は、広い苔の湿原に立ち、目を閉じてコマのように何度か回転してからできるだけ遠くに輪を放り投げる。この面倒くさい過程は、投てきが本当に「無作為」であることを確かなものにするための工夫だ。しかし実際は、輪がどこへ行ったのか見失い、それを探すのに法外な時間を費やさなければならなくなる。

いったん輪が見つかると、悲惨な境遇は本格的なものになる。呪いをかけられた円の中にある植物は、どんなに小さくてもすべて引き抜き、種《しゅ》を確定して種の数を数え、それから、それぞれの種ごとに一本一本数えることになっている。

簡単そうに聞こえる、だろうか。そうではない。何にせよバーレン・ランドの植物は小さく、それらの多くはほとんど顕微鏡的な大きさなのだ。最初の輪を試してみただけでほとんど一日かかったし、ひどく目が痛んだうえ、小さな植物をピンセットで引き抜きながらあまり長い時間錯乱したウサギみたいに円の上でうずくまっていた結果、腰のあたりが凝り固まってしまった。

オーテクには、ラウンケルの輪の調査を一緒にやろうなどという気を起こさせないようにしていた。なぜなら、単純な話、それが一体何のためなのか説明できそうもないと感じたからだ。しかしながら、拷問の三日目、彼が近くの尾根から姿を見せ、幸せそうなようすで突然駆け出してきた。私の挨拶は、少々とげとげしいものだった。その時の私の血管の中には、暖かい人情のミルクなど流れていなかったのだ。私は苦痛にからだをこわばらせ、立ちあがると輪を拾い、次の投てきを行なった。彼はそれを、興味深そうに眺めている。

輪はさほど遠くまで行かなかった。疲れはてて意気消沈し、私の中には力がまったく残っていなかったからだ。

「シーウィーナック！　全然ダメだ」。オーテクは見くびったように批評する。

「ちくしょう！」。熱くなって私が叫ぶ。「もっとうまくやれるかどうか、見せてもらおうじゃないか！」

きっと私の守護天使が、そんな挑戦をけしかけてくれたに違いない。オーテクは優越感をあらわににやりと笑うと、輪の方に駆けて行き、それを拾いあげ、円盤投げの選手のように腕を後ろに振り、投げ飛ばした。輪は逃げ去るウズラのようにあがっていき、軌道の頂点に達して太陽の中できらきら輝き、近くのツンドラの池の上を優雅に滑空し、ほとんど水しぶきもあげず、切るように水の中に飛びこみ、永遠に消えてしまった。

オーテクは激しい後悔の念にうちひしがれている。私の怒りが爆発するのを待つ間、顔が不安で引きつっていた。私が両腕を広げ、愉快そうにインディアン風のダンスのステップを踏みながら彼をリードし、それから小屋に戻り、彼とともに貴重な最後のオオカミジュースの栓を開けたのはいったいなぜなのか、彼には決して理解できなかっただろう。しかし、その出来事は疑いなく、白人のやり方はじつに不可解であるという彼の確信を強めたに違いない。

植物研究がこのように思いがけない終わりを告げ、私はまた別の不愉快な義務に直面した。糞便学の完成である。

オタワにおいて糞便学に与えられた重要性のゆえに、私は自分の時間の一部をオオカミの糞の収集と分析にふり向けるよう命じられていた。有頂天になるような類いの仕事ではなかったけれど、私はバーレンに来て以来、糞に対しては日頃から注意していた。長い鉗子《かんし》〔ハサミに似た形の、外科手術の際にものを挟む器具〕を用い、見つけた糞を集め、小さなズック製の袋に入れ、標本のおおよその年齢と採集場所と日時を示すラベルを貼っておく。袋は小屋の作りつけの狭い寝台の下に保存しておいたのだが、九月の末には全部が収まりきらなくなり、床の上にこぼれて踏みつけるほど恐ろしく大量のコレクションをためこむはめになっていた。

いくつかの理由、なかでも、私が何をしているか知ったとき、オーテクとマイクがどんな顔をするか私が頭に思い描いたイメージに少なからず影響され、自分の収集品の分析を始めようという気になかなかならなかった。何とか自分の糞便コレクションを秘密にしていたし、一方マイクもオーテクも、小さな袋の中身に好奇心を抱いていたかもしれないのに、遠慮して（あるいは、何を告げられるか恐れていたのかもしれない）それについて私に尋ねなかった。二人とも私の職業上の義務に関わる特異な性癖に対して相当寛容になっていたとはいえ、私自身、その寛容さをさらに試してみたいとは思わなかった。そんなわけで、分析の仕事を伸ばし伸ばしにしていたのだ。ところが十月のある朝、二人揃ってカリブー狩りの旅へ出かけ、キャンプは私一人だけになった。十分プライバシーを保つことができると感じ、それで私は、あまり楽しくない仕事に取りかかる準備をした。

長期間保存していたので、糞は風化して岩のように固まり、仕事をする前に柔らかくしなければならなかった。そこで、それを川岸に持って行き、水を入れた二つの亜鉛メッキ製のバケツに浸けた。柔らかくなるのを待つ間、私は道具やノートや諸々の備品を取り出し、日があたり、絶えず微風が吹いている大きく平たい岩の上に並べた。これから取りかかる仕事は束縛のない環境で行なうのが最善だと感じていた。

次の手順は、ガスマスクをつけることだった。この事実を記録するに際し、ことさら面白おかしく書こうとしているわけではない。私には、オオカミを巣穴から追い出し検死標本とするために用いる催涙ガス弾一箱分と一緒に、ガスマスクが支給されていた。もちろん私は、オオカミたちと知り合いになり友達として尊敬の念を抱くようになる前でさえ、そんな卑劣なことをしようとは思わなかった。だからずっと前、催涙弾は近くの湖に沈めてしまっていた。しかし、マスクの方は命じられる通りそのまま持っていた。それが今、役に立つ。オオカミの糞には、人間が吸いこむと、時には孵化《ふか》して小さな虫になり、脳に達して包嚢《ほうのう》で包まれ、虫自身にも宿主《しゅくしゅ》にもしばしば運命的な結果をもたらす、特に有害な寄生虫の卵が含まれているからだ。

最初の糞の固まりが柔らかい状態になったのを確かめて私はマスクをつけ、小屋にあったのを拝借した白いエナメル製のお皿に糞をのせ、鉗子と外科用メスで切り分けはじめた。虫眼鏡で成分を確定しながら、記録帳に情報を書きこんでいく。

骨の折れる過程だけれど、面白くないわけではない。事実私はすっかり仕事に没頭し、周囲のことをまったく忘れてしまっていた。

そうして一時間か二時間後、筋肉を伸ばそうと立ちあがってのんきに小屋の方を向いたとき、十人ほどの見慣れないイヌイットたちに気づいてびっくりしてしまった。ほぼ半円形に私を取り囲み、非常な嫌悪感とないまぜに、目の前の光景が容易に信じられないといった表情を浮かべて私を凝視している。

まったくどぎまぎさせられる瞬間だった。あまり驚いて、ゾウのような鼻にぎょろぎょろ目玉をつけたガスマスクのことを忘れていた。見知らぬ人たちに挨拶しようとすると、五センチの木炭と三十センチのゴムパイプを通った私の声は墓場を吹き抜ける風のようにこもって悲しげな響きを帯び、その効果がイヌイットたちをぎくりとさせた。

大急ぎで埋めあわせをしようと、私はマスクを引きはがし、勢いよく何歩か前に進み出た。すると、ミュージカル・コメディーの舞台で一列に並んで踊るコーラスラインのような正確さで、イヌイットたちは何歩か後退する。それからまた、野性の推理力を働かせながら私を見つめている。

私は善意を伝えようと必死で、できるだけ大きく微笑んだ。そのため歯が剝《む》き出しになって、悪鬼の笑いのように見えたに違いない。訪問客たちはさらに一、二メートル後退してそれに応えた。ある者は、私の右手に握られた輝くメスを見つめている。

彼らは明らかに、今にも飛び出そうと身構えている。それでも私には、そんな状況へのとっておきのものがあった。その場にふさわしいイヌイットの言葉を思い出し、多少なりとも正式な歓迎の言葉を口にすることだ。長い沈黙があって、彼らの一人が勇気をふるっておずおずと返事をした。それから少しずつ、彼らは私を、ガラガラヘビを前にした一群のニワトリのような目つきで見るのをやめにした。

私たちは本当に親密というわけではなかったけれど、それに続く堅苦しい会話によって、これらの人々はオーテクの部族の人々で、遠い東の方で夏を過ごし、ホームキャンプに戻ってきたばかりだということがわかった。そこで彼らは、マイクの小屋に奇妙な人間がいるという話を耳にした。それで、自分の目で当の奇人を見ようと決心してやって来たのだ。とはいえ、彼らがあらかじめ聞いていたどんなことも、ここに到着したとき目にした光景に対処する備えにはならなかった。

　話している間に、私は数人の子どもと何人かのおとなたちが、ネズミの毛やら骨やらくずの混じったエナメル製のお皿の上の糞便の山に、こっそりと眼ざしを投げているのに気がついた。ほかの人間の場合なら、これは単に好奇心の表われというべきだろう。しかし、イヌイットたちと十分に長い間一緒に暮らした私には、彼らの精神状態が理解できる。私は彼らの関心を、長い旅を終えて空腹で喉が渇いていて、お茶と食べ物がほしいということをそれとなく示す印だろうと解釈した。

　マイクがいない以上私が主人であり、来客に対するもてなしは北の国の最も重大な徳目であるのだから、小屋で夕食をともにするようイヌイットたちを招待した。彼らは理解したようで、申し出を受け入れ、最後のいくつかの糞を調べてしまう仕事に私が戻るのにまかせると、近くの丘に自分たち用の旅行テントを張りに引きあげた。

　分析の結果はきわめて興味深かった。四十八パーセントの糞は、主として門歯《もんし》や毛皮といった齧歯《げっし》類の残骸を含んでいた。確認できた食品には、カリブーの骨の破片、カリブーの毛、いくらかの鳥の羽、そして、驚くなかれ真鍮《しんちゅう》のボタンが含まれていた。ボタンはほとんど消化液の作用で腐食していたが、イギリス商船の船員が身につけていたような錨《いかり》と鎖のモチーフが見分けられた。このボタンがどうしてそんなところに収まるにいたったのか、まったくわからない。しかし、それがここにあるからといって、さまよい歩く船員がオオカミに食べられた証拠と見なすことはできない。*

まじめくさった二人の小さなイヌイットの少年に見つめられながら、私はバケツを洗い、彼らが飲みたがるに決まっている何リットルものお茶をいれようと、新しい水をそれに入れた。小屋に歩いて帰りながら、是非ともおとなたちに伝えたい大ニュースが山ほどあるとでもいったようすで、大急ぎで丘を駆け登って行く少年たちの姿に気づき、その熱心さを微笑えましく思ったものだ。

しかし、楽しい気分は長続きしなかった。三時間ほどして夕食の準備が調った（メニューは自家製甘酢ソース添えポロネシア風フィッシュボール）。なのに、客人たちがやって来る気配がまったくない。すでに暗くなっていて、夕食の時間について何か誤解でもあったのかもしれないと心配になりはじめた。

とうとう私はパーカを着、懐中電灯を持ってイヌイットたちを探しに行った。どこにも見つからない。二度と彼らの姿を見ることはなかった。キャンプはもぬけの殻で、人間たちは大平原に飲みこまれでもしたかのようにすっかり消えていた。

大いに不可解で、いささか気分も害された。翌日オーテクが戻ってきたとき詳しく事情を話し、説明を求めた。彼はバケツについて、糞便について、ほかのいくつかについて問いただした。質問は、ことさら事態に関係ありそうに思えない。そしてとうとう彼は、ふたりが知り合って以来初めて私を失望させた。私の歓待がなぜそれほど唐突にはねつけられたのか、どうやっても説明できないと言い張るのだ。そして、結局最後まで説明してくれなかった。

原註

＊カナダ北部において、これまでオオカミが人間を殺したといういかなる信憑《しんぴょう》性のある報告もない。時には、本当に殺してやりたいと我慢できないほど強く感じたときがあったに違いないにもかかわらず。

23 オオカミを殺す

オオカミハウス湾を去らなければならない時期が近づいてきていた。私がそうしたいからではない。オオカミたちが間もなく越冬地へ旅立ってしまうからだ。

十月下旬、冬が吹きさらしの平原を痛めつけはじめると、カリブーはツンドラに背を向け、異国の、しかし身を守ることのできる森の世界への道をたどりはじめる。カリブーが行くところに、オオカミもついて行かなければならない。冬になれば、凍りついた平原にオオカミが食べるものは何もなくなってしまうからだ。

十一月の初めから四月まで、オオカミとカリブーは、成長不良のトウヒやバンクスマツが森林限界の南にまばらに生える境界上の針葉樹林帯（タイガ）を越えて一緒に旅をする。カンジキウサギが豊富な年は、オオカミはそれをたくさん食べる。しかしなお、常にカリブーのそばを離れることはない。飢餓に襲われたら、カリブーだけがオオカミを救うことができるからだ。

それぞれのオオカミ家族はひと家族ずつ固って旅をする。しかし、二つか三つの小さな家族がひとつの群れに統合されることも珍しくない。これに関して決まった法則はないようで、そうしてできた群れは、いつでももとの小さな集団に分裂する。とはいえ、ひとつの群れの構成員数には上限がある。冬の狩りには何頭かのオオカミの緊密な協力が必要で、しかし、オオカミの数があまり多いと、殺した獲物から十分な分け前を得ることができない。五頭から十頭の群れが、理想的なサイズであるように思われる。

冬の間、決まった縄張りはないように見える。それぞれの群れは気に入った場所で狩りをし、二つの群れが遭遇した場合は、互いに挨拶を交わし、それから別々の道を行くのが観察されてきた。ひとつの場所に群れが集中することはめったにない。それぞれどのように分散してオオカミの過密と食料の不足を避けているのか、ほとんどわかっていない。しかし、チペワ・インディアンたちの言によれば、目につく地点や岩や湖の周囲やさかんに用いられる通り道などに残される尿のメッセージによって調節されるという。事実として、徹底的な飢餓が土地全体を覆ってしまわないかぎり、カリブーの群れが行くままに動きまわる冬のオオカミの群れは、なぜか互いの足跡を避けるようにしている。

バーレン・ランドのオオカミにとって、冬は死の季節である。

いったん森林に入りこむと、彼らは、高度な技術をもった人間たちの、凶暴な集中攻撃にさらされる。罠猟師たちにとって、オオカミは我慢ならない。オオカミは彼らと競合してカリブーを殺すだけではなく、キツネ用の軽い罠を容易にはずし、自分はかかることなく、仕掛けた罠をすっかり荒らしてしまうことができるからだ。さらに、白人の罠猟師のほとんどはオオカミを恐れていた。ある者など、死ぬほど恐れている。そして、恐怖心という名の鞭《むち》ほど人間を凶暴な殺戮《さつりく》に駆り立てるものはない。

対オオカミ戦争は、州政府、連邦政府の手で熱狂を帯びて続行され、ほとんどの州政府がオオカミ一頭当たり十ドルから三十ドルの賞金を出している。キツネやそのほかの毛皮の価値が下落すると、こうした賞金が、事実上、罠猟師や交易商人たちに支給される助成金になる。

オオカミによって殺されたとされているシカの数について、多くのことが語られ、書かれてきた。人間によって虐殺されたオオカミの数については、ほとんど語られることがない。ある場合は、さまざまな虚偽が広くしかも公式に宣伝され、別の時には真実が抑圧されているように見える。

私の研究の最初の年、マニトバ州とキーワティン地方の境界で仕事をしていた一人の罠猟師は百十八頭分の賞金を手に入れ、そのうち百七頭は前の春生まれた若いオオカミだった。法律に従うなら、オオカミは罠で捕らえられるか、鉄砲で撃たれるかしたはずだ。しかし実際には、彼は、ほかのみんながしていることをしただけだった。今も極北地帯では、その方法が政府の特例的な許可のもとで合法的に行なわれている。つまり、広大な地域一帯に無差別にストリキニーネがバラまかれ、そのせいで、キツネ、クズリ、そのほか、新鮮ではない肉を食べるほとんどすべての動物が一掃されてしまうほどだ。その年、キツネは高値で売れず、おかげでそのことが問題視されることはなかった。オオカミには、一頭当たり二十ドルの賞金がかけられていた。

罠と毒薬は、オオカミを殺す最も普通の手段である。しかし、ほかにも、広く用いられているいくつかの方法がある。ひとつは飛行機で、害獣駆除に時間とお金を払うことによって社会に奉仕する市民派スポーツマンに大いに好まれる。高い空を飛ぶ飛行機の搭乗員が、開けた場所、できれば凍った湖といった場所にいるオオカミを探す。ひとたびオオカミが見つかると、低空で頭上を飛ぶ。あまり長い間厳しく追いつめられると、オオカミはしばしば倒れこみ、時には大型散弾銃が炸裂《さくれつ》する前に死んでしまう。

もっとも私は、この方法が失敗した例も知っている。二人乗り自家用軽飛行機が、オオカミを世界から駆逐するのを助けるため大都市を飛び立った。前回の飛行でも彼らは多くのオオカミを殺したし、パイロットは飛行機の脚のスキーがほとんど獣にぶつかるくらいすぐ背後を追跡できるほど熟練していた。ところがその日、彼は接近しすぎてしまった。追いつめられたオオカミは、ふり向きざま空中に高く飛びあがり、スキーの片方に噛みついた。続いて起こった激突で、オオカミは死んだ。二人の人間も一緒だった。その出来事は、広く頒布されているスポーツマン向け雑誌記事の中で、オオカミの邪悪で危険な性質と自らオオカミに立ち向かった男たちのかぎりない勇気の例として記述された。言うまでもなく、これは古典的な物語だ。いつでも、どこでも、人間が動物（人間を含んでいる）の無思慮な虐殺に手を染めた場合、彼らは、自分が殺そうとした相手のきわまりなく邪悪で嫌悪すべき性格を引きあいに出して行為を正当化しようとする。そして、虐殺の理由がなければないほど、誹謗《ひぼう》中傷《ちゅうしょう》のキャンペーンは大きくなる。

オオカミハウス湾から冬の研究拠点、マニトバ州北部のブロシェットの町に到着したとき、土地のオオカミに対する反感は根強く激しかった。その土地の猟獣監視人は悩ましげに、私に状況をこう説明してくれた。二十年ほど前まで、土地の人々は一冬に五万頭のカリブーを狩ることができた。それなのに今は、二、三千頭殺せれば幸運なほどだ。カリブーは稀少動物といえるほど減少し、それがオオカミのせいであることは間違いない。オオカミは白人がブロシェットにやって来る何万年も前からカリブーを餌にしてきたし、だからといって群れを根絶やしにするような影響を与えたことなどなかったではないかという、私の、どちらかというと穏当な抗弁は、誰の耳にも聞き入れられないか、私の党派性に対する激しい怒りを引き起こすかしただけだった。

冬の初めのある日、一人の交易商人がひどく興奮しながら私の小屋に飛びこんできた。「よく聞け」。彼は挑むように言った。「お前は、オオカミがカリブーの群れを虐殺している証拠を見せろと叫んでいたなあ。さあ、それならすぐ犬橇《いぬぞり》を仕立ててフィッシュダック・レイクに行くんだ。そしたら証拠が見つかる。うちの罠猟師の一人が一時間前に戻ってきた。氷の上で五十頭ほどのカリブーを見たそうだ。全部オオカミに殺されていた。しかも、肉には一口も手をつけていない！」

言われた通り、午後遅く、クリー・インディアンの仲間と一緒にフィッシュダック・レイクに到着した。そこで発見したのは、胸がむかつくような虐殺の光景だった。氷の上に二十三頭のカリブーの死体が散乱している。一面の雪を深紅色に染めるほど大量の血だ。

死体にはまったく手がつけられていない、と言った罠猟師の言葉は正しい。キツネやカケスやワタリガラスがほんの少しつまんだのと、三頭のカリブー以外、すべてそのままだった。三頭のうち二頭は雄のカリブーで、頭部がなく、第三の若い妊娠中の雌は両方の後ろ足を失っていた。

「証拠」に関しては、残念ながら、カリブーはどれひとつオオカミに襲われたものではなかった。湖のどこにも、オオカミの足跡がない。代わりに別の跡があった。そこら一帯を走りまわった飛行機の、スキーと尾翼でつけられた見間違いようのない三本の線が残っている。雪の表面には、傷跡のように、曲がりくねった蛇のような線の網の目が描かれていた。

カリブーはオオカミによって倒されたのではなく、撃たれたのだ。何頭かは、何発も撃たれていた。一頭は腹に怪我を負い、腸を引きずったまま氷の上を百メートルも走っていた。別の何頭かは、二本も三本も弾丸で足を折られていた。

実際に何が起こったのかは一目瞭然だ。
二年前、州政府観光省当局は、バーレン・ランドのカリブーはアメリカからやって来る記念品目あての金持ちハンターたちを釣りあげる絶好の餌だと決定した。[*] その結果、すべて組織化された「サファリ」ツアーが企画され、隊を組んだスポーツマンたちが飛行機で亜北極圏に飛んだ。時には政府所有の飛行機が用意され、一飛行一千ドルもかかりはしたが、一級品のカリブーの角一揃いが保証されている、という具合だ。

森林限界線より南側で越冬中、カリブーは夜明けと夕暮れ時に森で食事をし、日中は開けた湖の氷の上でかたまって過ごす。サファリ飛行機のパイロットは、したがって、カリブーの大きな群れがいる湖のひとつを選べばいいだけで、しばらく高度を下げて旋回し、すべてのカリブーを束にして、押しあいへしあいぎゅうぎゅうづめの群れにする。それから飛行機は着陸するのだが、停止することなく、恐慌に陥った群れがバラバラにならないようまわりをぐるぐる滑走する。飛行機の開いたドアや窓から、ハンターたちは最良の記念品を選べるだけ立派な角をもった十分な数のカリブーを狙い、撃ちつづける。おそらくハンターたちは、遠出に莫大な費用がかかっているのだから、確かな結果を得る資格を与えられているのだと感じているだろう。そしてそれは、政府当局の役人たちが同意したことでもあるのだろう。

射撃が終わると死体が調べられ、それぞれのハンターは最良の頭を獲得する。一人一個だけしか

「所有」は許可されていない。もしもハンターが鹿肉を好むようなら、数本の後ろ足が切り落とされ、飛行機に積みこまれる。それから飛行機は南に向かって飛ぶ。二日後、スポーツは再び行なわれ、勝利のうちに終わる。

私に同行したクリー・インディアンは、前の冬、自分自身ガイドとして働いて、これら一連の出来事を目撃した。彼は、それが好きではなかった。しかし、憤りを自分の内側にとどめておくのが賢明だと思いいたるに十分なだけ、白人世界の中でのインディアンの地位を知っていた。

私はもっと単純だった。翌日、その出来事をすべて関係当局に無線で連絡した。返事はなかった。それから数週間後、州政府がオオカミの賞金を二十数ドルに引きあげたのが、返答といえば返答といえるだろうか。

原註
＊一九六二年、ニューファンドランド州政府も同じ策略を採用している。

24 失われた世界

オオカミハウス湾からどうやって南に飛び、ブロシェットまで行くことができるか。難題は、ある朝オーテクが小屋の中に飛びこんでくるなり飛行機を見たと宣言したところで解決した。

私をオオカミハウス湾まで連れてきてくれたあのパイロットが戻ってきてくれるという期待は、とうの昔にあきらめてしまっていた。だから、飛行機の姿を見て、私はすっかり興奮し、身震いしてしまった。支給されていた発煙筒を思い出し、走って取りに行く。驚いたことに、それはきちんと働いた。油が燃える黒い煙の渦が高い空に舞いあがり、すでに西に姿を消していたノースマン機〔カナダで開発された未開地飛行用の単発プロペラ機〕が合図に応えて再び姿を現わしたのだ。

飛行機は湾に着陸し、私はカヌーを漕《こ》いでパイロットに挨拶に行った。細い顔の、あまり印象のよくない顔つきの若者がガムを噛んでいる。そして彼から、たくさんのことを聞かされた。

私から何か月も連絡がないので、省の役人はしだいに機嫌を損ねてきていた。オオカミに関する報告が届かないだけではなく、四千ドルなにがしかの政府の機材が空っぽのツンドラの中に消えてしまったのだ。これは深刻だった。対立野党の詮索好きな議員がいついかなる時に追い風になりそうな事柄を見つけ出し、議会で質問するかもしれない。公的資金の運用に関する不注意を責められる可能性は、あらゆる政府省庁をしばしば襲う厄介ごとなのだ。

というわけで、カナダ警察に私の捜索依頼が出された。しかし、手がかりはほとんどなかった。私をバーレンに連れて行ったパイロットは、その後マッケンジー地域への飛行で行方不明になり、警察は彼の足取りもつかむことができず、私がどうなったのか探り出せなかった。さんざん嗅ぎまわったあげく、とうとう警察はチャーチルの町で流布している噂を耳にした。私は諜報機関の職員で、北極に浮かぶロシア基地の偵察に送られたというのだ。警察はオタワに報告書を送った。それには、自分たちはからかわれるのを好まない、次回以後省庁が何かを見つけ出したいと思ったら、警察に対しては正直に真相を話した方がよい、とつけ加えられていた。

煙の合図を調べに着陸したパイロットは、私を探すために送り出されたのではなく別の予備調査に従事しているところで、私の発見はまったくの偶然だった。しかしながら、基地にメッセージを持ち帰り、オタワの省に機材の所在と、それとなく、凍りつく時期がくる前にただちに収容のための飛行機を送るべきだと示唆する情報を伝えることに同意してくれた。

パイロットは着陸の機会を利用して、マイクに手伝ってもらい、飛行機の胴体に積まれたドラム缶からガソリンをタンクにつめた。一方私は、やり残した仕事をするため、エスカーにあるオオカミの巣穴に赴いた。

　オオカミの家族に関する私の研究を完了させるために、私は巣穴の内部がどうなっているのか知る必要があった。どのくらい深いのか、通路の直径、洞穴の奥の巣（もしもあればの話だが）、などなどの情報だ。明白な理由で、オオカミが巣穴にいる間はこうした調査ができない。そのうえ、オオカミがいればいたでそれなりにすることがたくさんあり、それに取りかかる間がない。しかし、今や時間はつきようとしている。急がなければ。

　私は駆け足で草原を横切り、巣穴に向かった。巣穴から半マイルほどのところに来たとき、背後から雷のような唸《うな》り声が聞こえてきた。あまりに巨大な音だったし、予想外のことで、私は思わず苔の上に身を伏せたほどだ。ノースマン機が十五メートルのところに迫ってきている。唸り声をあげて頭上を通り過ぎると、飛行機は愉快気なようすで挨拶代わりに翼を振った。プロペラの勢いで一陣の砂を斜面に吹き下ろしながら、オオカミのエスカーの頂をかすめて飛んで行く。私は立ちあがると、たちまち消えて行く飛行機の中のユーモアあふれる人物に対する悪意あふれる言葉を心の中でつぶやきながら、心臓の動悸《どうき》を鎮めた。

　予期した通り、巣穴のある尾根にオオカミの姿は見あたらない。もっとも、あのノースマン機が飛んだ後なら当然だろう。穴の入り口に近づき、私は重いズボンと膝まである下着とセーターを脱ぎ捨てた。電池がほとんど切れかけた懐中電灯と巻き尺をリュックサックから取り出し、入り口のトンネルに何とか潜りこむ。

懐中電灯の光はあまりにかすかで、オレンジ色の淡い光を投げかけるだけだ。巻き尺の目盛りを読みとるのさえやっとだった。四十五度の下りを約二・四メートル、からだをくねらせながら這い進んだ。口と目に砂をかぶるし、トンネルはやっとからだを押しこむことができるほどの大きさだし、すぐに閉所恐怖症に苦しみはじめた。

二・四メートルの印のところでトンネルは急角度で上に向き、左に折れている。私は新しい方向に灯りを向け、スイッチを押した。

前方の暗がりの中で、ぼんやりしたオレンジ色の灯りの中に、四つの緑色の光が浮かびあがった。この場合、緑の信号は進めの合図ではない。私はその場に凍りついてしまった。びっくり仰天した脳みそが何とか情報を消化しようとしている。少なくとも、二頭のオオカミが自分と一緒に巣穴の中にいる。

オオカミ家族との親密な関係にもかかわらず、理不尽な、しかし根深く染みこんだ偏見が理性と経験をすっかり凌駕《りょうが》する状況だった。正直言って、あまりの驚きにからだが麻痺《まひ》してしまっている。どんな武器も持っていない。しかも、ぶざまな姿勢で、攻撃をかわそうにも腕一本自由に動かすことができない。オオカミが攻撃してくることは避けられそうになかった。巣穴の奥に追いつめられたら、ジリスだって猛烈に反撃する。

オオカミは唸り声さえ出さなかった。

かすかに輝いている二組の目がなかったら、そこにいることさえまったくわからなかっただろう。

麻痺状態が解けてくると、寒い日だったにもかかわらず全身を汗が流れはじめた。見境なく虚勢を張って、私は灯りを持った腕をできるかぎり前方に伸ばした。

ぼんやり、アンジェリンと子どもの姿が見分けられる。彼らは巣穴の奥の壁に土が落ちるほど固く身を押しあて、死んだように動かない。

この頃までに衝撃は消え去り、自己防衛の本能が再び力を取り戻しはじめた。いつ何時オオカミが攻撃してくるかもしれないという思いで緊張しながら、できるだけ速く、私は後ろ向きにトンネルを這い戻った。入り口に到着し完全にそこから這い出すまで、オオカミたちはどんな物音も発しなかったし、動く気配も見せなかった。

私は石の上に腰を下ろし、震えながらタバコに火をつけた。そして、そうしながら私は、自分は恐れていたわけではないことに気がついた。そうではなく、私をとらえていたのは、抑えようのない怒りだった。もしもあの時ライフルを持っていたら、残忍な激怒で反応し、間違いなくオオカミを殺そうとしただろう。

タバコが燃えつき、穏やかな北の空を風が吹きはじめた。私は再び身震いした。今度のは、怒りのせいではなく寒さのせいだ。怒りは去り、私の心はこの出来事の余韻の中で乱れていた。私があの時抱いたのは、恐怖が生み出す憤慨の怒りだった。怒りが向けられた獣の方こそ、私という剝き出しの恐怖にさらされ、人間のエゴに堪え難いまでに侮辱されていたというのに。

夏の間のオオカミのもとでの滞在が彼らについて教えてくれたこと、そして私について教えてくれたことを、自分は何と簡単に忘れ、何と容易に否定してしまうのかに気づいてぞっとした。

飛行機という雷のような幽霊を避け、巣穴の奥底で縮こまっていたアンジェリンと子どものことを思い、恥ずかしかった。

どこか東の方から、問いかけるように、かすかなオオカミの遠吠えが聞こえてくる。それまで何度も聞いてきた、よく知っている声だ。ジョージの声が、見失った家族を求め、荒野にこだまして響いてくる。しかし、私にとってそれは、失われた世界を物語る声だった。私たちが異邦人の役割を選びとるまでは、自分たちのものでもあった世界、私自身ちらりと垣間見、その中に入りかけ……、最後には、自らの本性によってそこから締め出されてしまうだけだった世界……。

何が変わっただろう――一九九三年、出版三十周年の年に

三十年前、私が本書を書きはじめた当初、オオカミには小さな役割しかふりあてるつもりはなかった。最初の計画は、まったく別種の獣――私たちみんなに関わるすべての事柄に専制的な裁決権をふるう、官僚として知られる人類の奇妙な突然変異体――を風刺する文章を書くことだった。同時に、今や自らを唯一正当な真理の解釈者と見なすわれらが時代の祭司、「科学者」たちのくだらなさを揶揄《やゆ》してみるのも面白かろうと思ったのだ。

悪意に満ちた思惑を胸に、私は、ゆっくりと、私たちの世界の新しい支配者たらんとする者たちの正体を暴くこと、むしろ、本の中で彼ら自らが正体をさらけ出すよう仕向ける仕事に取りかかった。しかしなぜか、官僚的、あるいは科学的ばかばかしさに対する興味は失せ、もともとは脇役にしかすぎなかった存在、すなわちオオカミに心奪われている自分に気がついた。

出版された本は、人間という動物の中の、ある者たちからは好意的に受け入れられなかった。真実の発露が事実によって妨げられるのを許さないという私のやり方と、われわれの生を理解するうえでユーモアはきわめて重要な位置を占めているという確信のせいで、この本は、専門家を任ずる多くの

人たちから嘲られた。スポーツとしてオオカミを殺す人々の広範なネットワークを含む、オオカミを嫌うことに身を捧げる人たちにいたっては、この本はことごとく作り話にすぎないと主張するほどだった。別の人々は、著者は博士号さえもたず、正規の科学者ではないゆえに無効であるとしてこの本を退けた。

多くの場合、私は、背後で吠《ほ》え立てるそうした声を無視してきた。しかしおそらく今は、背後につきまとうジャッカルたちに、いささかなりとも反撃を加える絶好の機会だろう。真正なるオオカミたちなら、きっとそうする。

本書は、オオカミとカリブーを研究する生物学者として亜北極圏のキーワティン地方南部とマニトバ州北部で過ごしたふた夏とひと冬の経験にもとづいて書かれている。その期間の大半、私はカナダ政府に雇用され、そこで行なわれたオオカミ研究の報告書は、一九四八年以来、雇用者の手によってファイルされている。私自身の資格に関していうなら、私は六つの大学から名誉博士号を与えられ、ということは、少なくとも六つの大学が私と私の研究を学問的認知に値するものと見なしたことを示唆している。

こうした名誉にもとづき、ドクター・セクストス〔セクストス・エンペイリコスは古代ギリシャの哲学者。懐疑主義の立場から、根拠のない独断を厳しく排除しようとした〕と呼ばれる権利を得たことを喜びとする一方、私が記述したオオカミの行動の様相ほとんどが、私の研究を想像の産物と呼んだ当の科学者たちによって再発見されているのを目にすることはさらなる喜びといえる。まったく、想像の所産とは！

にもかかわらず、オオカミはほかの動物種の脅威となってもいなければ、人間の真の競争相手でもないという私の主要な論点は、不幸なことにほとんど受け入れられないままである。

約四百年前まで、人間に次いでオオカミは、北アメリカで最も成功し、最も広く分布する哺乳《ほにゅう》動物だった。広範な証拠が示すところによれば、世界中でオオカミと狩猟者は、憎悪や対立どころか、一方の存在が他方の存在の利益となるような共生に向かう生活を謳歌していた。

しかし、ヨーロッパとアジアの人々が農業者や牧畜民になるため、自らの狩猟伝統の遺産を捨てはじめて以降、人間はオオカミに対する古代的な共感能力を失い、根深い敵対者となった。いわゆる文明化された人間は、事実、集合的観念の中から本当のオオカミをすっかり取り除き、代わりに、でっちあげられたイメージ、すなわち、ほとんど病的なまでの恐れと嫌悪を引き起こす悪魔的相貌を埋めこむことに成功した。

ヨーロッパ人はこうした一連の観念をアメリカにもちこんだ。そしてわれわれ現代人は、報奨金や報酬に動かされ、毒薬と罠とペテンと鉄砲を手に、さらには賢明なる技術がもたらしたヘリコプターや破砕擲弾《てきだん》などの武器とともに、オオカミに対する殲滅《せんめつ》戦を遂行してきた。

ヨーロッパ人が侵略する前に北アメリカに生息していた二十四種のオオカミ亜種のうち、七種が絶滅し、そのほかもほとんど絶滅の危機に瀕している。カナダ内陸地域の南部、メキシコ、アメリカ合衆国のアラスカより南のほぼ全域から、オオカミは効率的に駆除された。しかしなお、およそ二万頭が、ムース、シカ、カリブー、エルク〔北アメリカではオオシカを指す〕と森林や北極圏のツンドラを共有している。

今では、飛行機、スノーモービル、オフロード車の使用により、多くのスポーツ・ハンターたちがこれまで比較的侵入が難しかった地域に入りこむことが可能になり、そこにいた「大型狩猟動物」たちは危険な水準にまで激減した。この事態が、狩猟者、運動用具業者、ガイド、ロッジ経営者、そのほか経済的利害に関わる陣営の、オオカミに対する怒りに満ちたいかさまの声に火をつけた。「オオカミが狩猟動物を壊滅させている。われわれの狩猟動物を！　オオカミを滅ぼさなければならない」

こうした非難に誰が耳を貸しているのか。

政府は、耳を貸す。すべてではないにせよ、大部分の地方政府・州の漁業狩猟局は、ほとんどスポーツ・ハンティング・ロビイストにとってのトロイアの木馬〔トロイアの戦争の際、ギリシャの将オデュッセウスは巨大な木馬を作り、その中に兵を潜ませ、トロイアを欺いて勝利した〕といってもよい。しかもロビイストはじつに巧みに組織化され、潤沢な資金をもっている。メンバーたちは、狩猟動物を自然の捕食者から守り、スポーツとして動物を殺す者たちが高性能な武器で殺戮《さつりく》するに十分な数の生きた標的を確保することができるよう、政府に対しておよそ抵抗できない影響力を行使する。

政府狩猟局の飛び道具として雇われた生物学者たちとは異なるという意味で独立した大勢の専門家たちの意見によると、オオカミはその餌となる動物種にとって、長期的安寧を維持することに決定的な役割を果たしているという。また、人間にとっては何の脅威でもなく、家畜被害についてはほんのわずかな影響しか及ぼさず、ほとんどの場合、人間の居住地域や農業地域に生息さえしていないことに同意している。これは、重要な真理である。

オオカミの運命は、実際のオオカミのあり方によってではなく、われわれが故意に、しかも誤って押しつけたイメージ、残忍さの権化として神話化された無慈悲な殺し屋という、現実には私たち自身の反転された自画像以上のものではないイメージのせいで追いこまれてきた。私たちは、贖罪《しょくざい》の山羊ならぬ贖罪のオオカミを作り出してきたのだ。

一九九三年の現在にいたっても、「オオカミ問題」の最終解決を図る大規模で一致団結した試みがスポーツ・ハンターたちによって推進されていることは明らかである。多くの生物種にとっての最後の避難場所――森、山、北方のツンドラから、疫病神は一掃されなければならないというのだ。そして、アラスカで、カナダのユーコン・テリトリーやアルバータ州で、空と陸両方からの徹底的なオオカミ殺戮が、狩猟愛好団体や野生の生き物の血を流すことで利益を得る人々に支持され、専属の漁業狩猟局によって計画され、実施されている。

政府の「狩猟動物管理者」と、自己の権益を求める政治屋と、大型狩猟動物という標的の供給を増大させることに献身する自称自然保護団体との、神聖なる共同謀議が成功を収める見込みは高い。こうした死の商人たちの陰謀に対する断固たる持続的抵抗だけが、今日、地球上の生命に対するさらなる残虐行為、オオカミ皆殺し命令を防ぐことができる。

カナダ、オンタリオ州ポート・ホープにて

ファーリー・モウェット

訳者あとがき

この本は、Farley Mowat 著『Never Cry Wolf』（1963）の全訳で、定本には二〇〇一年発行 Back Bay Books 版を用いた。古い版の各章に付された標題と最後の短いエピローグが、新しい版にはない。本書では、ほぼ旧版に倣《なら》い各章の内容に即した見出しを付すことにした。

最初に、書名と著者名について記しておきたい。原題「Never Cry Wolf」の「クライ・ウルフ」は、「ありもしない危険を言い立てること」を意味する慣用句で、いうまでもなく、イソップ童話に登場する「オオカミだあ！」と叫んではみんなをびっくりさせていた羊飼いの少年の話に由来する。ただし、イソップ童話の中のオオカミは、依然危険な動物であることに変わりはない。それに対しここでは、オオカミの危険を叫び立てること自体に「ネバー」、そんなことはやめよという言葉が付されている。「オオカミの危険を言い立てることはやめよ」という原題をそのまま活かした簡潔な表現は難しく、といって今や著者のトレードマークとさえなっているフレーズを消し去るのも忍びなく、「ネバー・クライ・ウルフ」を副題に残し、書名を『狼が語る』とした。

一方著者のモウェットは、これまでは通常ファーレイ・モワット、あるいはモウワットなどと表記されてきた。一九八五年発行の一冊に『My Discovery of America』(わたしのアメリカ発見)という書がある。冷戦の時代、何やら定かではない理由で彼の名が危険人物リストに載せられ、アメリカ入国を拒否された際の顚末を綴った書だ。その中に、「お前の名前は何と発音するんだ、マオ・イットか」「名字は、フェアレイか」と意地悪そうに尋ねる出入国管理官に、「詩人と同じ音」「大麦と同じ」、と答える場面がある。将来その場面を翻訳する際の不便を考えたわけではないけれど、名前は、ポウェット(詩人)という音に倣いモウェット、姓はバーリー(大麦)に倣いファーリーと表記する。じつは、地元カナダにおいてさえ、しばしば彼は少しずつ違った名前で呼ばれることがあるらしい。ハリファックスで開かれた朗読会の折にも、私はポウェットと同じモウェットですと、笑いながら改めて自己紹介していた。

ファーリー・モウェットは、一九二一年カナダのオンタリオ湖に面したベルヴィルで生まれ、九十二歳になる現在も、生地に近いポート・ホープと、夏場を過ごすノバスコシア州ケープ・ブレトンで精力的に執筆活動を続けている。五十冊を超える著書は、千七百万部以上を売りあげ、五十数か国で翻訳出版されてきた。「総督文学賞」(一九五九年)をはじめ、カナダにおける数々の図書賞を総嘗めにしてきたといっても過言ではない。

カナダに滞在していた二年間、わたしは足しげく古本屋に通っては、いかにも本のことならまかせなさいといった風情の店主たちに、誰よりもカナダらしい作家は誰かといつも尋ねていた。そのたびに返ってくる名前のひとりが、モウェットだった。間違いなく、カナダを描き続けた、カナダで最も人気のある著者のひとりといってよい。しかも、子ども向けの物語からおとな向けの小説やノンフィクション、ユーモアあふれる楽しい話題から鋭い政治批判に至るまで、年代を超えた幅広い読者層を誇っている。

モウェットは図書館員だった父親の影響で早くから文章を書きはじめ、十代前半にはすでに新聞のコラムを担当していたという。引っ越し先のカナダ中部サスカチュワン州サスカトゥーンでいっそう自然との交わりを深め、本格的な少年ナチュラリストとして成長していく。イヌやネコや昆虫だけではなく、ヘビやフクロウやワニに至るさまざまな動物と暮らし、そのようすは、日本語訳もある『犬になりたくなかった犬』（一九五七）や『ぼくとくらしたフクロウたち』（一九六二）に生き生きと描かれているし、一九九三年に書かれた自伝『Born Naked』（生まれたときは裸）にも詳しい。

一九四三年に入隊し一九四五年に除隊するまで、イタリア戦線での激しい戦闘に参加した。その時の体験は、『And No Birds Sang』（そして、鳥は歌わなかった）（一九七九）、『My Fathers' Son』（わたしの父の息子）（一九九三）などに記されている。

除隊後トロント大学に入学し、改めて生物学を勉強した。その研究の一環で北極圏、亜北極圏カナダに足を運び、その土地や、そこで暮らす人々との結びつきを深めていく。その時出会ったカリブー・イヌイット（イハルミュート）たちの惨状に衝撃を受けて書いたのが、第一作、『People of the Deer』（カリブーと暮らす人々）（一九五二）だった。この本で一躍作家として注目され、これ以降カナダ北部のツンドラや氷の大地は、次々に発表される小説やノンフィクションの主要な舞台となる。特に、それまで多くのカナダ人すら知らなかった（本が発行された当初は、本に描かれている人々の存在すら否定されたという）北方のイヌイットに対する関心を呼び起こし、政府の政策、あるいは無策に対する世論の抗議を生み出す原動力となった。少数民族政策に対する厳しい批判、環境破壊に対する怒りは、終始彼の作品の基音をなしている。彼の文章のスピード感あふれる激しい口調、諧謔的で時として辛辣な調子の語り口は、現在なお環境問題をめぐる戦闘的なスポークスマンとして、さらには活発な運動家として、常に実践力を備えた言葉を紡ごうとしてきた彼の姿勢と切り離しがたい。

こうした流れの中で、本書、『ネバー・クライ・ウルフ』も書かれた。

オオカミが危険な動物だという観念は、ひょっとすると「赤ずきんちゃん」の物語とともに広がったのだろうか。今では、貴重な生物種の減少も決してオオカミが原因ではないこと、オオカミによる家畜被害もきわめて特殊な状況でしか起きないことなどが、多くの論者によって明らかにされている。ましてや、人間を襲う冷酷無血なオオカミなど、勝手に作り出されたフィクションにすぎない。モウエット自身述べているように、それこそ、オオカミに投影された人間自身の「反転像」というほうが当たっている。『ネバー・クライ・ウルフ』は、何世紀にもわたって広く受け入れられてきたオオカミについての観念は明々白々な嘘だということを最初に主張し、オオカミのイメージを大きく転換させる契機となった。

一九六三年に初版が出て以来、いくつかの出版社から何度も発行されて版を重ね、カナダでは最もたくさん読まれている本と目されている。ご覧の通り、生物学者として訪れたハドソン湾西岸のキーワティンで、彼を雇った官僚たちの目論見とは裏腹に、カリブーの激減にオオカミはどんな関わりももたないこと、むしろ、生態系の維持に重要な役割を果たしていることを発見し、オオカミの本当の姿に触れていく過程が新鮮な驚きや感動とともに語られている。邪悪なオオカミというイメージとはまったく異なり、彼が目にしたのは、好奇心に満ち、仲間との強い絆の中で穏やかに暮らす、親しみあふれる生き物の姿だった。

彼が描いたオオカミ像は、当然、怖いオオカミ神話になじんだ多くの読者に意外な驚きをもたらした。それだけではなく、大勢の読者の共感を呼び覚まし、ここでも、ひたすら殺戮を繰り返す政府のオオカミ駆除政策に対する大きな批判を喚起した。もちろん、それで、政府の政策がオオカミ保護に転じたわけではない。二十一世紀に入った今なおカナダ西部のアルバータ州やユーコン・テリトリー、さらにブリティッシュ・コロンビア州では、森林地帯に棲むカリブー保護を口実にオオカミ狩りが続けられている。しかも、そうした動きの背後には、スポーツ・ハンターたちだけではなく、巨大な石油利権者たちの姿さえちらついているともいう。加えて、アメリカ側のアラスカや北部ロッキーでは、依然大がかりなオオカミ殺戮作戦がやみそうにない。しかしなお、以前のように世論に隠れてそれを続けていくことは難しくなったし、批判者の大きな声に対処しなければならなくなったのは事実である。それだけに、オオカミを嫌う人々からの、この本に対する反感や攻撃も激しかった。

「何が変わっただろう」というタイトルを付して巻末に収めた文章は、一九九三年に出された三十周年版の「まえがき」として書かれたものである。そこにもあるように、この本に対する否定的反応はじつに激しく、時として執拗だった。今なお賛否両論がさかんに戦わされ、いろいろな文献やインターネットで双方の激しいやり取りを目にすることができる。しかも、聖人かペテン師か、真正なナチュラリストか大ぼら吹きかといった言葉が飛び交うその激しさは、一種異様な熱気さえ帯びていて、それを解説したり整理したりすることは決して容易ではない。

もちろん、反論にもさまざまなレベルがある。最も学術的なレベルでは、彼が観察したオオカミの行動についての理解に対する異論は多い。たとえば、彼が観たオオカミは確かにネズミを主食としていたかもしれないが、大型動物がいる場所では当然大型獣を捕食するほうが効率的であろうし、実際そうしているという指摘。この面では、著名なオオカミ学者デイヴィッド・メックも、モウェットの主張の実証性に異を唱えている。多くの科学理論の展開と同じく、本が出版されて五十年、オオカミに関する大量の知見が積み重ねられてきた。その意味では、科学理論としての彼の主張はさまざまな形で乗り越えられていくだろう。一方、彼自身喜びをもって語っているように、彼の観察の正しさが追認されていく場合もあるに違いない。

こうした批判だけではなく、モウェットは経歴を詐称しているという疑問、北極圏での滞在期間に関する疑問、イヌイット語によるコミュニケーション能力についての疑問、などなど、本に書かれた「事実」をめぐる反論も多い。

「何が変わっただろう」にも見る通り、「真実の発露が事実によって妨げられるのを許さない」と半ば冗談めかした調子で自ら宣言するように、彼自身、厳密な意味での客観性や個別の観察事実の正確さを文字通り主張しているわけではないようにも見受けられる。どこまでが事実でどこからが脚色か、あくまで「真実」を伝えようとする熱い情念に動かされ、人々の心に響く言葉や表現を紡ごうとする中で、両者を分ける明確な線引き自体消え去っていることだってあっただろう。この本をフィクションとして読むべきなのか、ノンフィクションとして読むべきなのか。彼の書のファンであり訳者でもあるわたし自身は、狭い意味での実証主義を避けながら、しかしなお安易にフィクションの中に逃げこむことは決してしないという彼の言葉を支持したい。

こうした議論とは別に、この書が一般に流布した誤ったオオカミ観を正す発火点になったという点に関しては、大方の論者が一致している。オオカミに関する著名な著者バリー・ロペスも、特にその点でモウェットを高く評価する。カナダの小説家マーガレット・アトウッドは、政府をも巻きこむ侃々諤々《かんかんがくがく》たる議論の引き金となった『カリブーと暮らす人々』を論ずる中で、レイチェル・カーソンの『沈黙の春』を引き合いに出していた。そのことは、そのままこの書に関しても当てはまる。わたしがハリファックスで接した女性のオオカミ研究者も、研究成果としてはその後さまざまな論文や本が発表されてはいるけれど、オオカミに対する偏見や誤った神話に批判の目を向けさせ、オオカミに対する正しい見方に人々の目を開くという意味では、いまだにこれに勝る書は書かれていないと力説していた。

ちなみにこの本は、一九八三年ディズニーによって映画化された。物語そのままではないし、撮影の都合か景観が幾分南の印象がないではない。しかし、ディズニーにしては、原作の雰囲気を伝え、比較的よく作られていると思う。

一九九八年春の一日、家族と暮らしていたカナダ・ノバスコシア州ハリファックスのダウンタウンで、路上を会場にブックフェアが開催されていた。その折、一角にある図書館の小さな講堂で、モウェットの自作朗読会が開かれた。私は詩人と同じモウェットですと彼が自己紹介した、あの会だ。会場には聴衆があふれ、彼はじつに楽しげに、少年時代の自然探索と冒険の物語を朗読してくれた。朗読会の後、ひとこと言葉を交わそうとたくさんの人々が彼をとり囲む。わたしと子どもたちも彼の前に進み、『ネバー・クライ・ウルフ』に感動したことのお礼を述べ、サインを求めた。といっても、あらかじめ彼の本を用意していたわけではなく、手元にはその日路上のテントで買い求めた別の著者の手になる小さなオオカミの本しかなかった。おずおずとそれを差し出すと、彼はそれを眺め、中身をパラパラとめくってニッコリ笑い、それからサインしてくれた。自分の名前の横に、「オールド・ウルフ」と書き添えられていた。そのとき、ふと、この本を日本語にしたいという思いが浮かび、早速翻訳を始めた。その時の翻訳原稿を抱えたまま十五年の時が経ち、今こうして、やっと出版の運びに至ったことを嬉しく思う。

帰国して後、この本にはすでに日本語訳があることを知った。今は絶版でなかなか手に入らない。新しい翻訳で、その本の読者をはじめ多くの方々に読んでいただけるとありがたい。

東吉野の山中で最後のニホンオオカミが殺されたとされてから百年、北海道のオオカミがあっという間に駆逐されてから百年の時が経ち、今また生態系の回復を目指してオオカミを再導入しようといった動きさえ生まれつつある。実際アメリカでは、イエローストーン国立公園を皮切りに各地でオオカミの再導入が図られ、生態系回復の成果も確認されている。同時に、オオカミは、クジラやパンダと並ぶ自然保護運動のシンボルにもなりつつある。オオカミとの共存を実現していくためには、何より、ひたすら否定的イメージを背負わされてきたオオカミに対する新しい眼ざしの獲得（あるいは、オオカミを大神ともしてきたわたしたち自身の古い感性の復活というべきだろうか）から始めなければばならない。原書のインパクトにははるか遠く及ばないにしても、この翻訳がそうした共存に向けてのささやかな一石となるなら、密かにオオカミを我がトーテムとも戴いてきたわたしにとって大きな喜びである。

最終段階で、築地書館の橋本ひとみさんがじつに丁寧に原稿を読み、言葉遣いなど、いろいろ貴重な助言をしてくださった。自分自身久しぶりに原稿に目を通し、微妙なニュアンスの違いを正し、いっそう正確で読みやすくなるよう努めた。モウェットの文章にはひとつのスタイルがあって、断り書きなしに投げ出される比喩やたくさんのイディオム、さらにはその変形など、丸ごと英語に馴染んでいるわけではない者にはなかなか手強い。今回の翻訳でも、腑に落ちない点は英語を母語とする妻に読み解いてもらった。改めて感謝したい。最終的な翻訳が、橋本さんと、そもそもこの原稿を受け入れ出版への道を開いてくださった築地書館の土井二郎さんの期待に沿うものになっていることを願いつつ、ご両人にお礼申しあげる。

この翻訳のタイトル『狼が語る』は、オオカミが自分たちの本当の姿を著者を通して語っているという意味をこめて橋本さんたち出版社の方々が考えてくださった。「狼が語る」という言葉のイメージをたどりながら、「オールド・ウルフ」と名乗ったモウェット自身、自らオオカミとして語っていたのかもしれない、狼が語るとはそんな意味でもあるのだろうかと、改めてその時の出会いを懐かしく思い起こしている。このことについても、侃々諤々書名に関して議論してくださった方々に感謝したい。
誠にわたくし事ながら、この本を、モウェットと同じ一九二一年生まれのわたしの母と、あの日以来ずっと一緒にいつか日本語で出版されることを願っていてくれたわたしの家族に贈りたい。

『ネバー・クライ・ウルフ』が世に出て半世紀が経った二〇一三年　秋

小林正佳

【著者紹介】

ファーリー・モウェット (Farley Mowat)

1921年、カナダ、オンタリオ州生まれ。

幼い頃からナチュラリストとして育ち、動物や自然とのふれあい、北極圏への旅などの体験から50冊以上にのぼるノンフィクション、小説、児童文学を生み出してきた。

カナダ北極圏に暮らす人々の過酷な生活を描いたもの、マリタイムと呼ばれるカナダ東海岸と北大西洋、なかでも8年間を過ごしたニューファンドランド島を舞台にしたもの、イタリア戦線での体験を描いたもの、ヴァイキングをはじめ航海者たちがコロンブス以前の北アメリカにしるした足跡をたどったもの、さらに伝記や自伝など、作品は多岐にわたる。

その作品には一貫して、人間と動物を問わず、過酷な状況の下で生き残りを懸けて苦闘する者たちへの深い共感と、彼らに手を差し伸べようとする熱い思いやりがあふれている。しかも、痛烈なまでの皮肉やユーモアとともに。

活発な環境保護運動家としても知られ、現在なお、オンタリオ州ポート・ホープとノバスコシア州ケープ・ブレトンで旺盛な執筆活動を続けている。

【訳者紹介】

小林正佳（こばやし・まさよし）

1946年、北海道札幌市生まれ。国際基督教大学教養学部、東京大学大学院博士課程（宗教学）を修了。

1970年以来日本民俗舞踊研究会に所属して須藤武子師に舞踊を師事。1978年福井県織田町（現越前町）の五島哲氏に陶芸を師事し、1981年織田町上戸に開窯。

1988年から現在まで天理大学に奉職。その間、1996～1998年トロント大学訪問教授、セント・メリーズ大学訪問研究員としてカナダに滞在。

現在は、天理大学総合教育研究センター特別嘱託教授。

民俗舞踊を鏡に、宗教体験と結ぶ舞踊体験、踊る身体のあり方を探ってきた。民俗と創造、自然を見つめる眼ざしといったテーマにも関心がある。

著書に『踊りと身体の回路』『舞踊論の視角』（共に青弓社）、訳書にヒューストン著『北極で暮らした日々』、ロックウェル著『クマとアメリカ・インディアンの暮らし』（共にどうぶつ社）など。

狼が語る

ネバー・クライ・ウルフ

2014年2月8日　初版発行

著者	ファーリー・モウェット
訳者	小林正佳
発行者	土井二郎
発行所	築地書館株式会社
	東京都中央区築地7-4-4-201　〒104-0045
	TEL 03-3542-3731　FAX 03-3541-5799
	http://www.tsukiji-shokan.co.jp/
	振替 00110-5-19057
印刷・製本	シナノ印刷株式会社
デザイン	吉野愛

ISBN 978-4-8067-1471-2　C0045

● 築地書館の本 ●

斧・熊・ロッキー山脈

森で働き、森に暮らす

クリスティーン・バイル［著］三木直子［訳］
2400円+税

交通手段はラバと徒歩。橋もないので川は下着で徒渉。チェーンソーと斧を担いで大森林に分け入り、登山道を人力だけで造る。

屈強の男でも音をあげる、厳しく激しい肉体労働の中で、自然と人間との関わりを問い続けた女性作家の15年間の記録。

ミクロの森

1㎡の原生林が語る生命・進化・地球

D.G. ハスケル［著］ 三木直子［訳］
2800円+税

ピュリッツァー賞2013年最終候補作品。

米テネシー州の原生林の中、1㎡の地面を決めて、1年間通いつめた生物学者が描く、森の生き物たちのめくるめく世界。

さまざまな生き物たちが織り成す小さな自然から見えてくる遺伝、進化、生態系、地球、そして森の真実。

● 築地書館の本 ●

ミツバチの会議

なぜ常に最良の意思決定ができるのか

トーマス・シーリー［著］片岡夏実［訳］
◉3刷　2800円+税

新しい巣をどこにするか。

群れにとって生死にかかわる選択を、ミツバチたちは民主的な意思決定プロセスを通して行ない、常に最良の巣を選び出す。

その謎に迫るため、森や草原、海風吹きすさぶ岩だらけの島へと、ミツバチを追って、著者はどこまでも行く。

コケの自然誌

ロビン・ウォール・キマラー［著］
三木直子［訳］
◉3刷　2400円＋税

ネイチャーライティングの傑作、待望の邦訳。

シッポゴケの個性的な繁殖方法、ジャゴケとゼンマイゴケの縄張り争い、湿原に広がるミズゴケのじゅうたん……。

極小の世界で生きるコケの驚くべき生態が詳細に描かれる。